21 世纪面向工程应用型计算机人才培养规划教材

PLC 应用技术

周金富　周秀明　编著

清华大学出版社
北　京

内 容 简 介

本书是一本学习 PLC 应用技术的实用书籍,遵循"先入门,再提高"的学习原则,主要讲解 PLC 应用过程中必须掌握的硬件设计技术、软件(用户程序)设计技术以及应用设计的实现技术,让读者在学完本书后,顺利地跨入 PLC 应用技术的大门,掌握 PLC 应用的基本技术。

本书摒弃了仅在 PLC 发展初期使用的当前已无实用价值的指令表编程语言,而重点介绍了最常用又十分实用的梯形图语言,同时浓墨重彩地介绍了作者在教学过程中总结出的实践证明确实是切实可行的一整套梯形图程序设计方法——替换设计法、真值表设计法、波形图设计法、流程图设计法和经验设计法。在这些设计方法中,作者推出了系列化的设计模板,帮助读者轻松设计出绝大多数 PLC 控制系统的控制程序。

本书既可作为高职高专机电一体化专业、工业自动化专业、电气专业及其他相关专业的教学用书,也可作为工程技术人员的自学用书,还可供高等院校相关专业师生作为参考用书。

图书在版编目(CIP)数据

PLC 应用技术/周金富等编著. —北京:清华大学出版社,2012.1
(21 世纪面向工程应用型计算机人才培养规划教材)
ISBN 978-7-302-27310-3

Ⅰ. ①P… Ⅱ. ①周… Ⅲ. ①PLC 技术－高等学校－教材 Ⅳ. ①TM571.6

中国版本图书馆 CIP 数据核字(2011)第 236935 号

责任编辑:梁 颖 薛 阳
责任校对:焦丽丽
责任印制:杨 艳

出版发行:清华大学出版社	地　　址:北京清华大学学研大厦 A 座
http://www.tup.com.cn	邮　　编:100084
社　总　机:010-62770175	邮　　购:010-62786544
投稿与读者服务:010-62795954,jsjjc@tup.tsinghua.edu.cn	
质　量　反　馈:010-62772015,zhiliang@tup.tsinghua.edu.cn	

印　刷　者:三河市君旺印装厂
装　订　者:三河市新茂装订有限公司
经　　销:全国新华书店
开　　本:185×260　印　张:8.5　字　数:211 千字
版　　次:2012 年 1 月第 1 版　印　次:2012 年 1 月第 1 次印刷
印　　数:1～2000
定　　价:19.00 元

产品编号:045015-01

前 言
foreword

PLC 即可编程序逻辑控制器,是当今工业生产中应用十分广泛的一种自动控制装置。PLC 技术、EDA 技术、数控技术及机器人技术,是当今工业生产自动化的四大支柱技术。PLC 应用技术不仅是标志工程技术人员现代化技能的一门技术,而且还是高职高专院校学生奠基职业生涯的一门技术。

本书是一本学习 PLC 应用技术的实用书籍,遵循"先入门,再提高"的学习原则,主要讲解 PLC 应用过程中必须掌握的硬件设计技术、软件(用户程序)设计技术以及应用设计的实现技术,让读者在学完本书后,顺利地跨入 PLC 应用技术的大门。

第 1 章是基础知识部分,简单介绍了 PLC 的基本构成、工作原理以及应用设计所包括的内容和步骤。

第 2 章是硬件设计技术部分,主要介绍了 PLC 的选用方法、PLC 内部存储器的分配方法以及 PLC 硬件接线图的绘制方法。

第 3 章是软件设计技术部分,重点介绍了 PLC 用户程序(控制程序)的设计方法。本章中,作者摒弃了仅在 PLC 发展初期使用的当前已无实用价值的指令表编程语言,而重点介绍了最常用又十分实用的梯形图语言,同时浓墨重彩地介绍了作者在教学过程中总结出的实践证明确实是切实可行的一整套梯形图程序设计方法——替换设计法、真值表设计法、波形图设计法、流程图设计法和经验设计法。在这些设计方法中,作者推出了系列化的设计模板,只要以这些模板为"葫芦"、"照葫芦画瓢",就能轻松设计出绝大多数 PLC 控制系统的控制程序。本章还介绍了梯形图的编制规则和梯形图的优化方法。

第 4 章是 PLC 应用设计的实现技术部分,主要介绍了梯形图程序编译下载到 PLC 的方法、PLC 硬件安装方法、PLC 的实验室模拟调试方法和现场调试方法。

第 5 章是梯形图程序选编部分,搜集了工业生产中经常使用到的一些典型实用梯形图程序段。

学会 PLC 的软件设计工作,也就是说学会用户控制程序的设计工作,是学习 PLC 应用技术的重中之重,因此本书把重点放在了第 3 章上。

本书的第 1~4 章都配备了适量的习题,以便大家温习重点知识,巩固学习成果。

本书由周金富主编,周秀明参与了编写工作。作者在编写本书的过程中,得到了许多专家学者的帮助,也参阅了许多专家学者的 PLC 书籍,在此特由衷地向他们表示深深的敬意和感谢。在本书的出版过程中,也得到了清华大学出版社刘向威博士和薛阳编辑给予的悉心指导和全力支持,在此特别致以衷心的感谢!

由于本书对 PLC 的认识提出了全新的概念,编写的侧重点和施教方法与其他 PLC 书籍又完全不同,因此在教学中如有需要帮助的地方,请通过电子邮箱 wxzhoujinfu@163.com 与编著者联系,同时书中错误在所难免,恳望专家学者及广大师生给予批评指正!

编著者
2011 年 6 月

目 录
contents

第1章

PLC基础知识

本章要点
- PLC 的定义；
- PLC 的基本构成；
- PLC 的工作方式；
- PLC 的工作原理；
- PLC 应用设计的主要内容和步骤。

本章关键知识点
- PLC 的等效功能；
- PLC 实现"万能软接线网络"功能的原理。

PLC 是英文 Programmable Logic Controller 的缩写，是可编程序逻辑控制器的简称。1980 年，美国电气制造商协会(National Electrical Manufacturers Association，NEMA)鉴于可编程序逻辑控制器的功能已经发展到不仅可以进行逻辑控制，而且还可以对模拟量进行控制这一情况，将可编程序逻辑控制器 PLC 更名为可编程序控制器 PC(Programmable Controller)。但是，人们考虑到：

(1) 可编程序控制器的主体仍然是可编程序逻辑控制器，它的主体功能依然是对开关量进行逻辑控制，这两个要素并未改变。虽然它现在已能对模拟量进行控制，但这仅仅是可编程序逻辑控制器通过外接 A/D 单元和 D/A 单元扩展出来的一个附加功能。

(2) 可编程序控制器进行工作时，CPU 是根据用户程序规定的逻辑关系对相关的开关量进行逻辑运算而不是进行模拟运算。

(3) PC 易与个人计算机 Personal Computer 的缩写 PC 相互混淆。

因此，人们认为把可编程序控制器 PC 称做可编程序逻辑控制器 PLC 比较恰当，这一想法，不仅通行于业界，而且得到了广大工程技术人员的普遍认可。

所以，本书直接用 PLC 来称呼可编程序逻辑控制器。

1.1 PLC 概述

1.1.1 PLC 的产生与发展

20 世纪 20 年代，为了提高工业生产的自动化水平，出现了一种继电接触器控制系统，当时在一定程度上确实满足了工业生产的控制要求。但由于这种继电接触器控制系统的控制功能,是通过金属导线将各种继电器、接触器以及其他电器的线圈和触点按一定的逻辑关系进行连接而实现的,所以,一旦生产工艺需要改变时,原有的接线就要全部拆除,然后按照新的生产工艺控制要求再进行重新连接,不但费时费力费钱,而且还远远跟不上工业生产飞速发展的步伐。

20世纪60年代末期,美国通用汽车公司(General Motors,GM)为了适应生产工艺不断更新的形势,为了能在改变生产工艺时不再费时费力费钱的去重新连接继电接触器控制系统,毅然对外公开招标,寻求一种具有如下功能的工业自动控制装置。

(1) 能继续使用生产线上的按钮开关、行程开关等主令电器和接触器、电磁阀等被控电器。

(2) 能替代硬件接线,且能随时随地地改变接线方式。

(3) 能像电子计算机那样用程序来描述接线方式,但程序的编写要简单易学。

(4) 能直接连接在主令电器与被控电器之间。

1969年,美国数字设备公司(Digital Equipment Corporation,DEC)针对美国通用汽车公司提出的招标要求,把电子计算机引入到了继电接触器控制系统中,使电子计算机功能强大、程序可编、通用性强的优点与继电接触器控制系统原理易懂、工程技术人员十分熟悉的优点有机地结合了起来,于是研制出了世界上第一台可编程序逻辑控制器。

自美国数字设备公司研制出第一台PLC以来,随着集成电路技术、微处理器技术、单片机技术和网络技术在PLC上的应用,PLC产品的功能在不断扩展,性能在不断完善,PLC技术更是日臻成熟,它与EDA技术、数控技术及机器人技术构成了当今工业生产自动化的四大支柱技术。纵观PLC的发展,其经历了如下几个阶段。

(1) 1969—1977年的初创期。在这一时期,随着集成电路技术的发展,PLC中的二极管阵列由数字集成电路取代,PLC的功能便在简单的顺序控制功能基础上增加了逻辑运算、计时和计数的功能。

(2) 1977—1982年的功能扩展期。在这一时期,微处理器技术日趋成熟,PLC中引入微处理器后,功能得到了迅速扩展,不仅具备了数据传送、比较等功能,还具备了模拟量运算功能。

(3) 1982—1990年的联机通信期。在这一时期,单片机技术发展迅猛,使得PLC具备了如浮点运算、平方运算、函数运算、查表、脉宽调制等特殊功能。

(4) 1990年以后的网络化期。在这一时期,计算机网络技术迅速普及,它不仅使PLC具备了高速计数、中断、PID(比例、积分、微分)控制功能,还使PLC的联网通信能力大大地加强。

PLC发展到今天,并未就此罢手,恰恰相反,PLC正蓬蓬勃勃地向着新的方向发展。

(1) 向高速度大容量方向发展。发展高速度大容量的PLC,是为了提高PLC的处理能力,目前已有速度达0.1ms/K步、容量达数十兆字节的PLC出现。

(2) 向超大型超小型两个方向发展。发展超大型PLC和超小型PLC,都是当今市场的需要,目前已有I/O总数达14 336点的超大型PLC和最低仅8~16点的超小型PLC面市。

(3) 向开发智能模块,加强通信联网能力方向发展。发展智能模块是扩展PLC功能、扩大PLC应用范围的需要,提高通信联网能力,可更充分地利用计算机网络资源,弥补PLC在数据计算、复杂控制和系统管理这些方面的不足,进一步提升PLC的性能。

（4）向编程语言多样化方向发展。编程语言多样化,有利于掌握不同编程语言的人员使用PLC,使PLC的应用也更普及更方便。

（5）向标准化方向发展。

1.1.2 PLC的定义

PLC自问世到现在,一直处在不断的发展和完善之中,业界至今也未对其作出最后的定义。1987年2月,国际电工委员会(International Electrotechnical Commission,IEC)在发布的可编程序逻辑控制器标准草案第三稿中特别地强调了PLC应符合如下要求。

（1）数字运算操作的电子系统是一种工业计算机。

（2）专为在工业环境下应用而设计。

（3）存储的程序可修改且编程方便——指令系统面向用户。

（4）具备逻辑运算、顺序控制、定时、计数控制和算术操作等功能。

（5）具有数字量或模拟量输入/输出控制。

（6）易于与控制系统联成一体。

从上述要求中可看出,当前业界认可的PLC的定义是:PLC是一种专门用于工业现场的以开关量逻辑控制为主的自动控制装置。它采用电可改写只读存储器来存放用户编写的控制程序,采用单片机或微处理器来对开关量进行控制程序规定的逻辑运算、算术运算、计时、计数等处理操作,并以开关量形式或者经数模转换后的模拟量形式去控制生产过程或者控制各种类型的机械。

1.2 PLC的基本构成

从PLC内部电路的具体结构来看,PLC主要由单片机、存储器、I/O接口和电源四大部分构成,如图1.1所示。

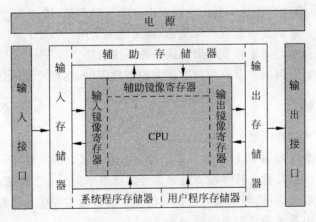

图1.1 PLC内部构成框图

1.2.1 单片机

目前的PLC中,普遍采用单片微型计算机作为PLC的控制中枢。

单片机主要由 CPU 和存储器构成,在图 1.1 中,单片机中的存储器被表示成了输入镜像寄存器、输出镜像寄存器和辅助镜像寄存器。

单片机中的存储器被表示成输入镜像寄存器、输出镜像寄存器和辅助镜像寄存器,是因为这些存储器被专门用来临时寄存一下 CPU 运算时所需要的数据,以及临时寄存一下 CPU 运算的结果,同时因为这些寄存器中的数据状态与 PLC 存储器中的数据状态始终保持着一种"镜像"关系。因此,单片机中的存储器就被人们俗称为"镜像寄存器",并根据它们的不同用途又把镜像寄存器分称为输入镜像寄存器、输出镜像寄存器和辅助镜像寄存器。

输入镜像寄存器、输出镜像寄存器和辅助镜像寄存器在 PLC 中的作用有两个,一个是寄存信号状态(输入镜像寄存器专门寄存从输入存储器采集来的信号状态、输出镜像寄存器专门寄存从输出存储器采集来的信号状态以及经逻辑运算后需要送给输出存储器的运算结果、辅助镜像寄存器专门寄存从辅助存储器采集来的信号状态以及经逻辑运算后需要送给辅助存储器的运算结果);另一个是把它们的信号状态作为运算数据供 CPU 调用和运算。

CPU 主要功能有两个:执行系统程序(管理和控制 PLC 的运行、解释二进制代码所表示的操作功能、检查和显示 PLC 的运行状态)和执行用户程序(读取各个镜像寄存器的信号状态、对信号状态进行运算处理、输出数据的运算结果)。

1.2.2　存储器

PLC 中的存储器,包括输入存储器、输出存储器、辅助存储器、系统程序存储器、用户程序存储器五部分。

输入存储器、输出存储器和辅助存储器在 PLC 中具有双重作用——既是一种"执行元件"(输入存储器存储主令电器的信号状态、输出存储器存储被控电器的信号状态、辅助存储器存储运算结果的信号状态),同时又是一种"编程元件"(用一些专用符号来代表输入存储器的状态所表示的主令电器的触点、输出存储器及辅助存储器的状态所表示的被控电器的触点和线圈,然后把这些符号根据用户要求串并联连接起来,用来表达控制过程中主令电器与被控电器之间的逻辑关系或者控制关系,就编制成了用户程序)。

系统程序存储器专门用来存放厂家写进去的系统程序。

用户程序存储器专门用来存放用户写进去的用户程序(也称应用程序或控制程序)。

1.2.3　I/O 接口

输入输出接口的简称叫做 I/O 接口。

输入接口是主令电器与 PLC 之间的联系桥梁。输入接口的主要作用有两个,一是把主令电器的接通状态或断开状态转换成高电平信号或低电平信号;二是把高电平信号或低电平信号存储进输入存储器,达到用输入存储器的 1 状态代表主令电器的接通、用输入存储器的 0 状态代表主令电器的断开的目的。

输出接口是 PLC 与被控电器之间的联系桥梁。输出接口的主要作用是把输出存储器的 1 状态转换成被控电器回路的接通信号、把输出存储器的 0 状态转换成被控电器回路的断开信号,达到用输出存储器的状态控制被控电器运行状态的目的。

1.2.4 电源

电源是 PLC 的能源供给中心，它采用性能优良的开关稳压电源，将 220V 交流市电整流滤波稳压成 PLC 所需的各种直流电压。

1.3 PLC 原理揭秘

1.3.1 PLC 的工作方式

PLC 是采用"顺序进行、不断循环"的扫描方式进行工作的，即首先进行内部处理、然后进行通信处理、最后进行用户程序处理、再回过头来从内部处理开始、……，就这样周而复始地一直循环工作下去，如图 1.2 所示。

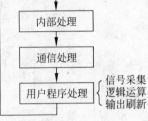

图 1.2　PLC 的扫描方式

当 PLC 开始运行（RUN）后，CPU 首先对 PLC 内部的所有硬件进行自检，如果发现严重性故障，则强行停机并切断所有的输出；如果发现一般性故障，则进行报警但不停机；如果没有发现故障，则自动转入通信处理。

PLC 进行通信处理时，CPU 将检测各通信接口的状态，如果有通信请求，则与编程器交换信息、与微机通信或者与网络交换数据；如果没有通信请求，则自动转入用户程序处理。

PLC 进行用户程序处理时，是分信号采集、逻辑运算、输出刷新三个阶段进行的。

在信号采集阶段，CPU 首先通过输入接口把各个主令电器的通断状态存储进对应的输入存储器，然后将输入存储器当前的信号状态寄存到对应的输入镜像寄存器中、将辅助存储器当前的信号状态寄存到对应的辅助镜像寄存器中、将输出存储器当前的信号状态寄存到对应的输出镜像寄存器中。

在逻辑运算阶段，CPU 从程序的第一条指令开始，首先对用户程序指定的输入镜像寄存器或者辅助镜像寄存器或者输出镜像寄存器的信号状态进行用户程序规定的逻辑运算，然后用所得的运算结果去改写相应的辅助镜像寄存器或者输出镜像寄存器的信号状态；接着进行第二条指令的运算，并再次用所得的运算结果去改写相应的辅助镜像寄存器或者输出镜像寄存器的信号状态；再进行第三条指令的运算；……，当运算到最后一条 END 时，逻辑运算停止。

在输出刷新阶段，CPU 对辅助存储器和输出存储器的信号状态进行刷新，即把辅助镜像寄存器中的信号状态写到对应的辅助存储器中，把输出镜像寄存器中的信号状态写到对应的输出存储器中，以便于下一循环进行信号采集，同时允许输出存储器把刷新后的信号状态通过输出接口去控制被控电器的运行。

1.3.2 PLC 的工作原理

关于 PLC 的工作原理，许多书籍上都认为：PLC 是在内部设置了若干的"软继电器"，并用这种"软继电器"替代实际的硬件继电器来构成控制系统的，同时还认为 PLC 完全取代了传统的继电接触器控制系统。其实这种说法不仅仅是一种"画蛇添足"的解释——它使读者在了解 PLC 的工作原理时无辜地坠入了"软继电器"这个云雾里,而且还是一种误导——它使读者在理解 PLC 的功能时产生了认识偏差,最后导致读者难以弄懂 PLC 的工作原理。

那么,该如何正确地认识 PLC 的工作原理呢? 我们认为,可以从对传统继电接触器构成的控制系统和 PLC 构成的控制系统进行分析比较入手。

图 1.3 示出的是用传统继电接触器构成的电动机正反转点动控制系统。

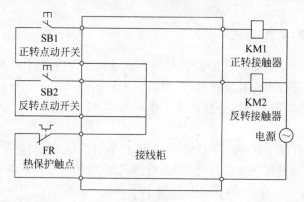

图 1.3   用传统继电接触器构成的电动机正反转点动控制系统

图 1.4 示出的是用 PLC 构成的电动机正反转点动控制系统。

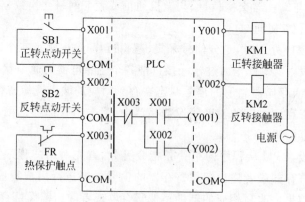

图 1.4   用 PLC 构成的电动机正反转点动控制系统

如果把图 1.3 的各组成部分和图 1.4 的各组成部分全部改成用方框图来表示,则会得出传统继电接触器控制系统的构成方框图和 PLC 控制系统的构成方框图,分别如图 1.5 和图 1.6 所示。

| 主令电器部分
(控制开关、
行程开关、
光电开关、
保护开关等) | 硬接线网络部分
(用金属导线的连接
来描述主令电器与
被控电器之间的逻
辑控制关系) | 被控电器部分
(接触器、
电磁阀、
蜂鸣器、
指示灯等) |

图 1.5   传统继电接触器控制系统构成方框图

主令电器部分 （控制开关、 行程开关、 光电开关、 保护开关等）	软接线网络部分 （用程序语言的组合 来描述主令电器与 被控电器之间的逻 辑控制关系）	被控电器部分 （接触器、 电磁阀、 蜂鸣器、 指示灯等）

图 1.6　PLC 控制系统构成方框图

分析比较图 1.5 和图 1.6 后可以看出：

（1）由于 PLC 控制系统是由工业计算机与传统继电接触器控制系统结合起来的，因此 PLC 控制系统还保留着传统继电接触器控制系统中的许多部分——PLC 控制系统的主令电器部分与传统继电接触器控制系统的主令电器部分是完全一样的，PLC 控制系统的被控电器部分与传统继电接触器控制系统的被控电器部分也是完全一样的。这就是说，PLC 控制系统并没有用所谓的"软继电器"替代实际的硬件继电器来构成控制系统，PLC 也没有完全取代传统的继电接触器控制系统。

（2）由于研发 PLC 的初衷是要用 PLC 来代替难以更改的硬接线，因此 PLC 控制系统也有与传统继电接触器控制系统完全不同的地方——传统的继电接触器控制系统，是借助于"硬接线网络"把主令电器和被控电器直接地连接成控制系统，来实现用户规定的控制功能，而 PLC 控制系统，则是借助于"软接线网络"把主令电器和被控电器间接地连接成控制系统，来实现用户规定的控制功能。

分析比较的结果告诉我们，对 PLC 的准确认识应该是——PLC 在控制系统中实际上仅等效于（或者说只相当于）一个"软接线网络"！

那么，PLC 是如何实现这个"软接线网络"的呢？

首先，我们把主令电器和被控电器的通断状态通过输入/输出接口传送给 PLC 中的电子存储器，并规定用存储器的 1 状态来代表被控电器线圈的得电、同时代表主令电器及被控电器触点的动作（即常闭触点断开、常开触点闭合），用存储器的 0 状态来代表被控电器线圈的失电、同时代表主令电器及被控电器触点的复位（即常开触点断开、常闭触点闭合）；然后，我们用某种程序语言描述出主令电器与被控电器之间的逻辑控制关系，再由 PLC 内部的单片机按照程序描述的逻辑控制关系对相关存储器的状态进行逻辑运算处理——即用"与逻辑"运算来代表继电接触器控制电路中的"串联连接"、用"或逻辑"运算来代表继电接触器控制电路中的"并联连接"、用复杂的"与或逻辑"运算来代表继电接触器控制电路中复杂的"串并联连接"（因为单片机中的"与逻辑"和"或逻辑"实际上与继电接触器控制电路中的"串联连接"和"并联连接"是完全等效的）；最后再把逻辑运算处理的结果通过输出接口去控制被控电器的运行或停止。由于主令电器与被控电器之间的逻辑控制关系是由程序来描述的，而程序又是可编可改的，因此 PLC 就等效地实现了一种"万能软接线网络"的功能。

当我们把 PLC 这个"万能软接线网络"连接在主令电器和被控电器之间时，我们就间接地把主令电器和被控电器连接成一个完整的控制系统了。

这就是准确的 PLC 的工作原理。

1.3.3　PLC 的工作过程

前面我们抽象地介绍了 PLC 的工作方式和工作原理，为了使大家对 PLC 的工作原理能了解得更直观更清晰一些,这里专门介绍一下图1.7所示的机床电动机连续正转与点动正转控制系统 PLC 梯形图程序的执行过程。

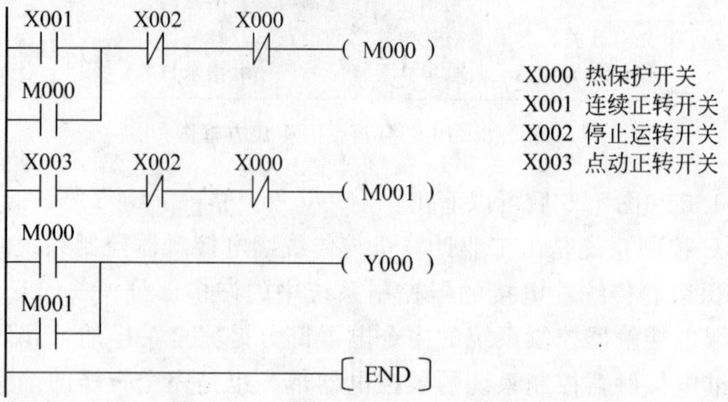

```
      X001   X002   X000
      ─┤├──  ─┤/├── ─┤/├──────────────( M000 )
      M000                                      X000 热保护开关
      ─┤├──                                      X001 连续正转开关
      X003   X002   X000                         X002 停止运转开关
      ─┤├──  ─┤/├── ─┤├──────────────( M001 )   X003 点动正转开关
      M000
      ─┤├──────────────────────────( Y000 )
      M001
      ─┤├──
                                    ─[ END ]
```

图 1.7 机床电动机连续正转与点动正转控制系统梯形图程序

1. 第一循环

(1) 内部处理:无故障。

(2) 通信处理:无请求。

(3) 用户程序处理。

① 信号采集:假设此时连续正转开关和点动正转开关均未压合,则此时存储到输入镜像寄存器中的信号为——X000 为 1 电平,X001 为 0 电平,X002 为 1 电平,X003 为 0 电平;存储到辅助镜像寄存器中的信号为——M000 为 0 电平,M001 为 0 电平;存储到输出镜像寄存器中的信号为——Y000 为 0 电平。

② 逻辑运算:本例中第一条程序的运算步骤是先取 X001 和 M000 进行或运算,其结果和 X002 进行与非运算,其结果再和 X000 进行与非运算,然后把运算结果送至 M000 辅助镜像寄存器;第二条程序的运算步骤是先取 X003 和 X002 进行与非运算,其结果再和 X000 进行与非运算,然后把运算结果送至 M001 辅助镜像寄存器;第三条程序的运算步骤是取 M000 和 M001 进行或运算,然后把运算结果送至 Y000 输出镜像寄存器;第四条程序是逻辑运算结束指令。

由于或运算的公式是 $1+1=1$、$0+0=0$、$1+0=1$、$0+1=1$,与非运算的公式是 $0 \times 0=1$、$1 \times 1=0$、$0 \times 1=1$、$1 \times 0=1$,所以:

第一条程序 $0+0=0 \rightarrow 0 \times 1=1 \rightarrow 1 \times 1=0$,把 0 电平送至 M000 辅助镜像寄存器;

第二条程序 $0 \times 1=1 \rightarrow 1 \times 1=0$,把 0 电平送至 M001 辅助镜像寄存器;

第三条程序 $0+0=0$,把 0 电平送至 Y000 输出镜像寄存器;

第四条程序结束运算。

③ 输出刷新:M000 辅助存储器仍写为 0 电平,M001 辅助存储器仍写为 0 电平,Y000 输出存储器仍写为 0 电平,此时因输出存储器 Y000 为 0 电平,故被控电器接触器 KM 无电,电动机不运转。

2. 第二循环

(1) 内部处理:无故障。

(2) 通信处理:无请求。

（3）用户程序处理。

① 信号采集：假设此时连续正转开关已压合，则此时存储到输入镜像寄存器中的信号为——X000 为 1 电平，X001 为 1 电平，X002 为 1 电平，X003 为 0 电平；存储到辅助镜像寄存器中的信号为——M000 为 0 电平，M001 为 0 电平；存储到输出镜像寄存器中的信号为——Y000 为 0 电平。

② 逻辑运算：

第一条程序 $1+0=1 \rightarrow 1 \times 1=0 \rightarrow 0 \times 1=1$，把 1 电平送至 M000 辅助镜像寄存器；

第二条程序 $0 \times 1=1 \rightarrow 1 \times 1=0$，把 0 电平送至 M001 辅助镜像寄存器；

第三条程序 $1+0=1$，把 1 电平送至 Y000 输出镜像寄存器；

第四条程序结束运算。

③ 输出刷新：M000 辅助存储器改写为 1 电平，M001 辅助存储器仍写为 0 电平，Y000 输出存储器改写为 1 电平，此时因输出存储器 Y000 为 1 电平，故 KM 得电，电动机开始正转。

3．第三循环

（1）内部处理：无故障。

（2）通信处理：无请求。

（3）用户程序处理。

① 信号采集：假设此时连续正转开关已松开，则此时存储到输入镜像寄存器中的信号为——X000 为 1 电平，X001 为 0 电平，X002 为 1 电平，X003 为 0 电平；存储到辅助镜像寄存器中的信号为——M000 为 1 电平，M001 为 0 电平；存储到输出镜像寄存器中的信号为——Y000 为 1 电平。

② 逻辑运算：

第一条程序 $0+1=1 \rightarrow 1 \times 1=0 \rightarrow 0 \times 1=1$，把 1 电平送至 M000 辅助镜像寄存器；

第二条程序 $0 \times 1=1 \rightarrow 1 \times 1=0$，把 0 电平送至 M001 辅助镜像寄存器；

第三条程序 $1+0=1$，把 1 电平送至 Y000 输出镜像寄存器；

第四条程序结束运算。

③ 输出刷新：M000 辅助存储器仍写为 1 电平，M001 辅助存储器仍写为 0 电平，Y000 输出存储器仍写为 1 电平，此时因输出存储器 Y000 仍为 1 电平，故 KM 仍得电，电动机继续正转。

4．第四～第八循环

（1）内部处理：无故障。

（2）通信处理：无请求。

（3）用户程序处理。

在这 5 个循环中，假设主令电器没有任何通断变化，所以用户程序处理结果与第三循环中的用户程序处理结果完全相同，即电动机一直保持连续正转。

5．第九循环

（1）内部处理：无故障。

（2）通信处理：无请求。

（3）用户程序处理。

① 信号采集：假设此时停止运转开关已压合，则此时存储到输入镜像寄存器中的信号为——X000 为 1 电平，X001 为 0 电平，X002 为 0 电平，X003 为 0 电平；存储到辅助镜像寄存器中的信号为——M000 为 1 电平，M001 为 0 电平；存储到输出镜像寄存器中的信号为——Y000 为 1 电平。

② 逻辑运算：

第一条程序 $0+1=1 \rightarrow 1 \times 0=1 \rightarrow 1 \times 1=0$，把 0 电平送至 M000 辅助镜像寄存器；

第二条程序 $0 \times 0=1 \rightarrow 1 \times 1=0$，把 0 电平送至 M001 辅助镜像寄存器；

第三条程序 $0+0=0$，把 0 电平送至 Y000 输出镜像寄存器；

第四条程序结束运算。

③ 输出刷新：M000 辅助存储器改写为 0 电平，M001 辅助存储器仍写为 0 电平，Y000 输出存储器改写为 0 电平，此时因输出存储器 Y000 为 0 电平，故 KM 失电，电动机停止运转。

点动控制过程从略，这里不再赘述。

1.4　PLC 的前景

1.4.1　PLC 与其他工业控制系统的比较

1. PLC 控制系统与继电接触器控制系统的比较

PLC 控制系统与传统的继电接触器控制系统的比较情况见表 1.1。

表 1.1　PLC 控制系统与传统的继电接触器控制系统比较表

项　　目	继电接触器控制系统	PLC 控制系统
系统构成	硬件电器加硬件接线	硬件电器加存储器和用户程序
触点数量	较少	无限
体积	庞大	较小
控制功能的实现	用硬接线连接各电器	通过编制用户程序
变更工艺的方法	改变接线	修改用户程序
工艺扩展	较难	容易
控制速度	机械触点，响应速度慢	电子器件，响应速度快
可靠性	差	高
维护性	故障不易查找，工作量大	自诊断和故障指示，维护方便
寿命	短	长

从表 1.1 可看出，PLC 控制系统与传统的继电接触器控制系统相比，PLC 控制系统显示出了强大的优越性，这正是目前继电接触器控制系统迅速被 PLC 控制系统所取代的重要原因。

2. PLC 控制系统与工业计算机控制系统的比较

PLC 控制系统与工业计算机控制系统的比较情况见表 1.2。

表 1.2　PLC 控制系统与工业计算机控制系统比较表

项　　目	工业计算机控制系统	PLC 控制系统
工作目的	数据计算和管理	工业控制
工作环境	不能适应较劣的环境	能适应恶劣的工业现场环境
工作方式	中断方式	扫描方式
系统软件	十分强大	比较简单
编程语言	汇编语言、高级语言	梯形图、顺序功能图
对内存要求	容量大	容量小
对使用者要求	具有一定的计算机基础	具有电气控制基础即可

从表 1.2 可看出：工业计算机控制系统具有强大的数据计算和管理能力，在要求速度快、实时性强、模型复杂的工业控制中占有相当的优势，PLC 控制系统则在适应工业现场环境、编程语言容易掌握方面又略胜一筹。当前，PLC 越来越多地采用计算机技术并加强了与计算机联网通信的能力，使得 PLC 注重于功能控制，工业计算机注重于信息处理，两者优势互补，促进了 PLC 应用飞速发展。

1.4.2　PLC 的特点和优点

由于 PLC 在设计、研制的初期，就已经提出了一系列的指标和要求，再经过若干年的使用、实践、改进和提高，故而使得 PLC 出类拔萃，具备了许多独到的特点和突出的优点。

1．抗干扰能力强，可靠性高

PLC 在其输入电路、输出电路和电源电路中，采取了多重屏蔽、隔离、滤波、稳压等措施，有效地抑制了外部干扰源对 PLC 的影响，从硬件方面提高了 PLC 的抗干扰能力。

PLC 中专门设置了故障检测和诊断程序，能迅速地检查出故障情况并准确指示出故障所在位置，同时采取保存信息、停止运行等保护性措施，从软件方面提高了 PLC 的可靠性；另外，PLC 用大规模集成电路替代分立元件，用电子存储器的状态替代机械触点的状态，用软件替代金属导线的连接，进一步提高了 PLC 的可靠性。因此，目前 PLC 的可靠性指标已远远超出了人们提出的可靠性要求。

2．功能强，适应面广

现代 PLC 不仅具有逻辑运算、定时、计数、顺序控制等功能，还具有 A/D 转换、D/A 转换、数值运算、数据处理和通信等功能，因此，PLC 既可对开关量控制，也可对模拟量控制；既可以控制一台生产机械、一条生产线，也可以控制一个生产过程，同时还可以与上位计算机构成分布式控制系统。

3．系统组合灵活方便

PLC 品种多，档次也多，已形成系列化和模块化，用户可以根据实际需要选用不同的模块来自行灵活地组成不同的控制系统，从而满足不同的控制要求。

4．通用性强，使用方便

对于同一台 PLC 来说，只需改变一下软件程序，就能够实现不同的控制功能，就能够适应不同的生产工艺，因此通用性极强，使用十分方便。

5．体积小，重量轻，易于实现机电一体化

PLC 采用大规模集成电路组装，重量轻，功耗低，体积也很小，可安装到机械设备的内部，非常容易实现机电一体化。

6. 编程语言简单易学

PLC 的编程语言中,有一种梯形图语言,它所使用的图形符号和表达形式与传统的继电接触器控制电路原理图非常接近,稍有电气控制基础的技术人员通过短期学习,很快就能掌握这种梯形图语言,从而编制出满足控制要求的程序来。

7. 设计、安装和调试的周期短

PLC 的设计和调试工作,都可在实验室内先期完成。硬件方面的设计工作只有确定 PLC 的硬件配置和绘制硬件接线图这两件事。安装工作也仅仅是主令电器与输入接口之间、被控电器与输出接口之间的接线工作,简单方便迅速。

1.4.3　PLC 的应用领域

PLC 由于具有许多独到的特点和突出的优点,因而不仅在工业的各个部门得到了广泛的应用,而且在文化娱乐业的有关部门也得到了应用,随着 PLC 性能价格比的提高,过去使用专用计算机的场合,也纷纷转向使用 PLC,从而使 PLC 的应用范围不断扩大。概括起来,PLC 大致有如下方面的应用。

1. 开关量的逻辑控制

这是 PLC 最基本最广泛的应用。工业生产中,许多部门的单机控制、多机群控、甚至生产线控制,需要处理的都是一些开关量,控制过程也都具有很强的逻辑性,因此,使用 PLC 可以非常完美地实现这些逻辑控制。

2. 模拟量的过程控制

这是 PLC 新发展起来的一种应用。工业生产过程中,许多场合需对诸如温度、压力、流量、位置、速度等各种连续变化的模拟量进行控制,由于现代 PLC 配备了 A/D 转换单元和 D/A 转换单元,因此可以实现对模拟量的开环过程控制;如果再配备 PID 单元,则当控制过程中某一个变量出现偏差时,PID 单元还可按照 PID(比例、积分、微分)算法计算出正确的数值,把变量保持在整定值上,这样又可实现对模拟量的闭环过程控制。

3. 数据处理

由于现代的 PLC 都具有数值运算、数据传递、转换、排序、查表、位操作等功能,因此 PLC 也广泛应用于数据的采集、分析和处理。

4. 计数计时

对产品进行计数和对某些机械进行延时(定时)控制,在工业生产中是必不可少的,所以 PLC 设置了大量的计数器和定时器,充分满足了工业生产中计数计时方面的需求。

5. 联网通信

现代 PLC 都与计算机网络进行了联网,构成"集中管理、分散控制"的分布式控制系统,因此 PLC 也被应用于 PLC 与 PLC 之间、PLC 与上位计算机之间、PLC 与其他智能设备之间的通信工作。

1.5　PLC 应用设计的内容与步骤

1.5.1　PLC 应用设计的内容

PLC 的应用设计,就其实质来说,其实就是借助于某种程序设计语言把 PLC 内部存储器所代表的线圈、动合触点和动断触点按用户规定的要求串并联连接起来,用以表达控制过程中主令电器与被控电器之间的逻辑关系或者控制关系,然后通过 PLC 的自动运行来实现自动控制的目的。因此,无论是用 PLC 去改造传统的继电接触器控制系统,还是用 PLC 来设计新的控制系统,从宏观方面来看,设计内容应该包括硬件设计、软件设计和设计实现三个方面。而从微观方面来看,设计内容则应分别为:

1. 硬件设计方面

(1) 明确控制要求,拟定工艺过程。

(2) 确定主令电器和被控电器。

(3) PLC 选型。

(4) 分配 PLC 存储器。

(5) 绘制硬件接线图。

2. 软件设计方面

(1) 设计控制程序。

(2) 优化控制程序。

3. 设计实现方面

(1) 用户程序的下载。

(2) 实验室模拟调试。

(3) 硬件安装。

(4) 现场调试。

(5) 整理技术文件。

1.5.2 PLC 应用设计的步骤

PLC 应用设计的主要步骤如图 1.8 所示。

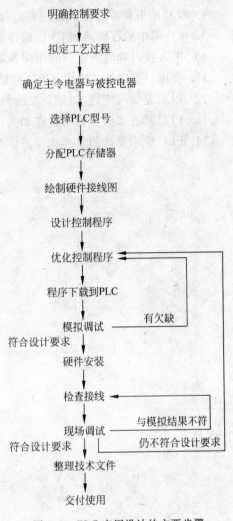

图 1.8 PLC 应用设计的主要步骤

习题 1

1. PLC 主要由_____、_____、_____和_____四大部分构成。

2. PLC 控制系统与传统继电接触器控制系统相比,_____部分和_____部分这两大部分是完全相同的。

3. PLC 中的存储器包括_____存储器、_____存储器、_____存储器、_____存储器和_____存储器。

4. PLC 中的单片机包括_____和存储器两部分,其中的存储器被表示成_____、_____和_____。

5. PLC 采用_____的方式进行工作,每个循环都要经过_____、_____和_____三个阶段。

6. PLC 应用设计包括_____、_____和_____三方面内容。

7. 什么是 PLC? PLC 是如何定义的?

8. PLC 中五种存储器的作用各是什么？

9. 单片机中的存储器和 CPU 的作用各是什么？

10. 输入接口和输出接口的作用各是什么？

11. 在用户程序处理阶段,CPU 将做哪些工作？

12. PLC 是如何实现"万能软接线网络"的功能的？

13. PLC 具有哪些独到的特点和突出的优点？

14. PLC 应用设计的主要步骤是什么？

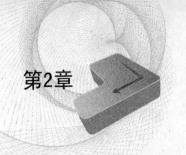

第2章

PLC的硬件设计技术

本章要点

- PLC 内部常用存储器的编号方法；
- PLC 内部常用存储器的使用规则；
- PLC 内部常用存储器的分配方法；
- 硬件设计方法。

本章关键知识点

- 内部存储器的分配方法；
- 输入端口的连接方式；
- 输出端口的连接方式。

PLC 的应用设计包括硬件设计、软件设计和设计实现三个方面，其中硬件设计和软件设计是应用设计的主要部分，学好这两个部分的设计工作，是 PLC 应用快速入门的关键。

2.1 PLC 的选用

要想正确地选用 PLC 型号，一是必须对常见的 PLC 产品的性能和参数有所了解，二是必须对 PLC 的选型原则有所了解。

2.1.1 PLC 的性能参数

目前，世界上生产 PLC 的厂家有几百家，从微型 PLC 到超大型 PLC，都有相当多的型号和系列，要对所有产品的性能参数都有所了解，那肯定是不现实的。考虑到 MITSUBISHE 三菱公司和 OMRON 欧姆龙公司是日本生产 PLC 产品的两个主要厂家，他们的产品不仅代表着 PLC 产品中的两大流派，具有领军地位，而且都是最早进入我国市场，在国内具有很大的拥有量，我国技术人员对这些产品都非常熟悉等原因，这里就以三菱公司和欧姆龙公司的 PLC 产品为例介绍 PLC 的性能参数，读者可按此思路去了解其他 PLC 产品的性能参数。

三菱公司的 FX2N 系列 PLC 是新近推出的小型 PLC，是 FX2 系列 PLC 的升级换代产品，欧姆龙公司的 CQM1H 系列 PLC 也是新近推出的小型 PLC，是 CQM1 系列 PLC 的升级换代产品。FX2N 系列 PLC 和 CQM1H 系列 PLC 虽都是小型 PLC，但它们都具有指令系统功能强大、处理复杂控制的功能强、编程语言简单易掌握、特殊功能单元和智能单元品种多、网络配置简单实用、性能价格比高、使用方便等特点，而且在我国市场上随处可见，因此特别适合用来做中小型控制系统。本书中,硬件设计、软件设计、程序精选等,都是以选用 FX2N 系列和 CQM1H 系列 PLC 来进行的。

PLC 的性能参数众多,选用时并无必要一一考虑,只需重点考虑其中的存储容量、I/O 点数、扫描速度、内部存储器的种类和数量、特殊功能单元的有无以及可扩展能力等几项主要的性能参数就行了。

1. 存储容量

这里的存储容量特指用户程序存储器容量,用户程序存储器容量大,可以存储长而复杂的程序,有利于实现复杂的控制功能。

FX2N 系列的程序容量为 8K 步,可扩展至 16K 步。

CQM1H 系列中,CQM1H-CPU11 和 CQM1H-CPU21 的程序容量为3.2K 字,CQM1H-CPU51 的程序容量为 7.2K 字,CQM1H-CPU61 的程序容量为 15.2K 字。

2. I/O 点数

I/O 点数指的是 PLC 输入输出端口的数量,一般以输入端口与输出端口的总和来表示。I/O 点数多,外部可接的主令电器和被控电器也就多,控制的规模也就比较大。

FX2N 系列中,FX2N-16M/32M/48M/64M/80M/128M 的 I/O 点数分别为 8/8、16/16、24/24、32/32、40/40、64/64 点,且均可扩展到 128/128 点。

CQM1H 系列中,CQM1H-CPU11 和 CQM1H-CPU21 的 I/O 点数可扩展到 256 点,CQM1H-CPU51 和 CQM1H-CPU61 的 I/O 点数可扩展到 512 点。

3. 扫描速度

扫描速度指的是 PLC 执行用户程序的速度,一般以扫描 1K 步用户程序所需的时间来衡量,也有以执行一条基本指令/特殊指令所需的时间来衡量。扫描速度快,PLC 的输出响应速度就快,这对于一些有响应速度要求的高速系统是很重要的。

FX2N 系列的扫描速度为:基本指令 0.08 微秒/条,应用指令 1.52 微秒~数百微秒/条。

CQM1H 系列的扫描速度为:基本指令 0.4 微秒/条,特殊指令 2.4 微秒/条。

4. 内部存储器的种类和数量

内部存储器是参与编写程序的主要元素,同时用来存放变量、中间结果、保持数据、定时、计数、模块设置和各种标志位等信息,内部存储器的种类越多、数量越多,处理各种信息的能力就越强,编程也就越容易和方便。

FX2N 系列的内部存储器种类有 10 种,总的数量达到 13 304 位以及 96 个通道。

CQM1H 系列的内部存储器种类也有 10 种,总的数量达到 7488 位以及 6656 个通道。

5. 特殊功能单元的有无

特殊功能单元的有无是 PLC 功能强弱的一个重要指标。FX2N 系列和 CQM1H 系列都具备了通信单元、模拟量转换单元等特殊功能单元。

6. 可扩展能力

PLC 的 I/O 点数、存储容量、联网功能和各种功能单元能否扩展,也是 PLC 选型时经常要考虑的。可喜的是,FX2N 系列和 CQM1H 系列的可扩展能力都很好。

2.1.2 PLC 选型原则

(1) 根据主令电器和被控电器数量的多少,来决定选用微型、小型、中型还是大型 PLC。输入输出点数的统计方法是:(实际主令电器数＋实际被控电器数)×(1.2～1.3)(目的是预留一些备用量,以便随时增加控制功能);选型原则是:能用微型的就不用小型的,能用小型的就不用中型的,能用中型的就不用大型的,尽可能地减小成本和体积。

(2) 根据主令电器和被控电器的性质,来决定选用相应输入/输出接口形式的 PLC。

输入接口的选用原则是:主令电器带有交/直流电源的,选用外供电源交/直流输入接口;主令电器不带电源的,选用内供电源直流输入接口。输出接口的选用原则是:对于一些使用电压范围宽、要求导通压降小、可能承受瞬时过电压或过电流,但响应速度无要求、动作不频繁且工作电流在 2A 以下的交/直流被控电器,可选用继电器型输出接口;对于一些通断频繁、工作电流在 0.5A 以下的直流被控电器,可选用晶体管型输出接口;对于一些通断频繁、工作电流在 1A 以下的交流被控电器,可选用晶闸管型输出接口。

(3) 根据用户程序的长短,来选择 PLC 的存储容量。

事实上,在 PLC 选型时,用户程序其实还没有编写,所以,通常是根据 I/O 点数来决定存储器的容量,一般是把(开关量输入点数×10＋开关量输出点数×5＋模拟量通道数×100)×(1.25～1.35)作为存储器容量的下限值。

(4) 根据输入/输出信号的性质,来选择 PLC 的响应速度。

选用原则是:对于开关量控制的系统,由于 PLC 的响应速度一般都可满足要求,故可不考虑响应速度;对于模拟量控制的系统,特别是具有闭环控制的系统,则应选响应速度较快的 PLC。

选用 PLC 时,上述 4 点必须统筹兼顾,全盘考虑,既不能顾此失彼,更不可死板教条而盲目追求高指标。

2.2　PLC 内部存储器分配

所谓的 PLC 内部存储器分配,实际上就是指定用哪些输入存储器的电平状态来表示哪些主令电器的接通与断开,就是指定用哪些输出存储器的电平状态来表示哪些被控电器的得电与失电。例如,指定用 X001 输入存储器的电平状态来表示启动开关的接通与断开、指定用 X000 输入存储器的电平状态来表示停止开关的接通与断开、指定用 Y000 输出存储器的电平状态来表示接触器的得电与失电、指定用 Y001 输出存储器的电平状态来表示蜂鸣器的得电与失电。

PLC 存储器经过分配后,我们就清楚地知道了到底是哪些输入存储器和哪些输出存储器已经被指定为参与控制的元件,这样在编写程序时我们就不会因张冠李戴或无中生有而编写出错误的程序,CPU 也将会十分准确地对指定的存储器的状态进行正确的相关运算和读写操作,从而保证控制功能的完美实现。因此,PLC 存储器的分配工作是非常重要的。

要想正确地进行 PLC 存储器分配,必须要对已经选定的 PLC 内部常用存储器的编号方法了解清楚,同时还要对 PLC 内部常用存储器的使用规则有所了解。

2.2.1　PLC 内部常用存储器的编号方法

PLC 的品种不同,甚至同一品种内的型号不同,内部存储器的编号方法也是互不相同的,使用时最好通过 PLC 的产品手册进行了解。

三菱 FX2N 系列 PLC 内部常用存储器的编号方法见表 2.1。

表 2.1   三菱 FX2N 系列 PLC 内部常用存储器编号表

名称	通道编号	存储器编号	点数	名称	存储器编号	点数
输入存储器	FX2N-16M		8	中间存储器	M000～M499	500
	X00	X000～X007			M500～M1023	524
	FX2N-32M		16		M1024～M3071	2048
	X00～X01	X000～X017				
	FX2N-48M		24	定时存储器	T000～T199	200
	X00～X02	X000～X027			T200～T245	46
	FX2N-64M		32		T246～T249	4
	X00～X03	X000～X037			T250～T255	6
	FX2N-80M		40			
	X00～X04	X000～X047		计数存储器	C000～C099	100
	FX2N-128M		64		C100～C199	100
	X00～X07	X000～X077			C200～C219	20
	均可扩展到		128		C220～C234	15
	X00～X17	X000～X177			C235～C245	11
输出存储器	FX2N-16M		8		C246～C250	5
	Y00	Y000～X017			C251～C255	5
	FX2N-32M		16	特殊存储器	M8000～M8255	256
	Y00～Y01	Y000～X017				
	FX2N-48M		24			
	Y00～Y02	Y000～X027				
	FX2N-64M		32			
	Y00～Y03	Y000～X037				
	FX2N-80M		40			
	Y00～Y04	Y000～X047				
	FX2N-128M		64			
	Y00～Y07	Y000～X077				
	均可扩展到		128			
	Y00～Y17	Y000～X177				

（中间列"辅助存储器"跨越右侧中间、定时、计数、特殊存储器各行。）

欧姆龙 CQM1H 系列 PLC 内部常用存储器的编号方法见表 2.2。

表 2.2   欧姆龙 CQM1H 系列 PLC 内部常用存储器编号表

名称		通道编号	存储器编号	点数
输入存储器		000～015	00000～01515	256
输出存储器		100～115	10000～11515	256
辅助存储器	中间存储器	016～089	01600～08915	2528
		116～189	11600～18915	
		216～219	21600～21915	
		224～229	22400～22915	
	特殊存储器	244～255	24400～25515	184
	定时器/计数器		TIM/CNT000～TIM/CNT511	512
	保持存储器	HR00～HR99	HR0000～HR9915	1600

1. 输入存储器/输出存储器的编号方法

PLC的型号不同时,或者插配的扩展单元不同时,输入/输出存储器的数量也就不同,因此,允许使用的输入/输出存储器的编号范围也将随着PLC型号的不同或者扩展单元的不同而互不相同。

FX2N系列中,虽然输入存储器编号有X000～X177共128点,输出存储器编号也有Y000～Y177共128点,但请注意:128点输入存储器是被分成00～17这16个输入通道的(八进制),128点输出存储器也是被分成00～17这16个输出通道的(八进制),这些通道当中,分配在本机I/O单元上的是——FX2N-16M为00通道、FX2N-32M为00～01通道、FX2N-48M为00～02通道、FX2N-64M为00～03通道、FX2N-80M为00～04通道、FX2N-128M为00～07通道,其余的通道(也就是本机I/O单元上没有的通道)是依次分配在插配的I/O扩展单元上的——每个FX2N-32E上分配2个通道、每个FX2N-48E上分配3个通道、每个FX2N-16EX上分配2个输入通道、每个FX2N-16EY上分配2个输出通道。

FX2N系列中,每个通道上都分配有8位输入存储器和8位输出存储器,编号都为0～7(八进制)。

CQM1H系列中,虽然输入存储器编号有00000～01515共256点,输出存储器编号也有10000～11515共256点,但请注意:256点输入存储器是被分成000～015这16个通道的(十六进制),256点输出存储器也是被分成100～115这16个通道的(十六进制),这些通道当中,分配在本机I/O单元上的只有000这1个输入通道和100这1个输出通道,其余的001～015输入通道和101～115输出通道(也就是本机I/O单元上没有的通道)是依次分配在插配的I/O扩展单元上的——第一输入扩展单元上是001输入通道、第二输入扩展单元上是002输入通道……第十五输入扩展单元上是015输入通道;同样,第一输出扩展单元上是101输出通道、第二输出扩展单元上是102输出通道……第十五输出扩展单元上是115输出通道。

CQM1H系列中,每个通道上都分配有16位输入存储器和16位输出存储器,编号都为00～15(十六进制)。但请注意:如果是16点的扩展单元,则输入存储器编号或输出存储器编号为00～15;如果是32点的扩展单元,则该单元会被分成2个通道,每个通道中输入存储器编号或输出存储器编号也为00～15;如果是8点的扩展单元,则该单元也被分成一个通道,只不过该通道中输入存储器编号或输出存储器编号只能是00～07。

2. 辅助存储器的编号方法

辅助存储器的编号方法见表2.1和表2.2。

2.2.2　PLC内部常用存储器的使用规则

1. 输入/输出存储器的使用规则

(1) 由于输入存储器的电平状态只能由主令电器通过输入接口来"写",CPU只能"读取"输入存储器的电平状态而无法把电平状态"写入"输入存储器,所以,输入存储器只能分配给主令电器使用,而不能作为辅助存储器使用,更不能作为输出存储器使用。

(2) 由于输出存储器的电平状态是由CPU来"写"的,"读取"却是由输出接口来执行,并且这个"读取"还是有条件的——即只有在用户程序处理阶段的输出刷新期间,输出存储器的状态才通过输出接口传送给被控电器,所以,输出存储器只能分配给被控电器使用,而不能作为辅助存储器使用,更不能作为输入存储器使用。

(3) 在同一个程序中,不允许把同一个编号的输入存储器分配给两个或两个以上的主令电器使用(例如,不允许把 X000 分配给启动开关后又分配给行程开关),也不允许把同一个编号的输出存储器分配给两个或两个以上的被控电器使用(例如,不允许把 Y001 分配给接触器 1 后又分配给接触器 2)。

(4) 分配输入存储器时,首先要使用本机 I/O 单元上的输入存储器,只有在已经插配输入扩展单元时,才可使用扩展单元上的输入存储器,绝不允许在没有插配输入扩展单元的情况下去使用扩展单元上的输入存储器。

例如,选用 FX2N-32M 的 PLC,则只能使用 X000～X017 输入存储器,而不允许使用 X020～X177 输入存储器(因为此时的 X020～X177 并不存在);如果在 FX2N-32M 上插配 FX2N-16EX 输入扩展单元,那么就可使用 X000～X037 输入存储器,但仍不可以使用 X040～X177 输入存储器(因为此时的 X040～X177 仍然不存在)。

(5) 同样道理,分配输出存储器时,首先要使用本机 I/O 单元上的输出存储器,只有在已经插配输出扩展单元时,才可使用扩展单元上的输出存储器,绝不允许在没有插配输出扩展单元的情况下去使用扩展单元上的输出存储器。

例如,选用 FX2N-16M 的 PLC,则只能使用 Y000～Y007 输出存储器,而不允许使用 Y010～Y177 输出存储器(因为此时的 Y010～Y177 并不存在);如果在 FX2N-16M 上插配 FX2N-16EY 输出扩展单元,那么就可使用 Y000～Y027 输出存储器,但仍不可以使用 Y030～Y177 输出存储器(因为此时的 Y030～Y177 仍然不存在)。

2. 辅助存储器的使用规则

(1) 由于辅助存储器都是安装在本机 CPU 单元中的,并且是所有编号的辅助存储器都是同时存在的,因此,只要是 FX2N 系列或者是 CQM1H 系列的 PLC,不管其型号是什么,也不管其是否插配扩展单元,表 2.1 或表 2.2 中所有编号的辅助存储器都可以任意使用。

(2) 由于辅助存储器既不能读取 PLC 外部的输入,也不能直接驱动 PLC 外部的负载,它们的电平状态只能由 CPU 来写入和读出;辅助存储器既与输入接口没有对应连接关系,也与输出接口没有对应连接关系。因此,所有的辅助存储器绝不可以作为输入存储器使用,也不可以作为输出存储器使用。

(3) 除了输入存储器和输出存储器以外,使用频率最高的就是中间存储器了。中间存储器特别适于用来临时存放那些已经经过初步运算但还需进行最后运算的中间数据,它在程序中起一种中间过渡的作用,合理地使用这些中间存储器,可以实现输入与输出之间的复杂变换。一般情况下使用 M000～M499 或 01600～08915、11600～18915、21600～21915,需断电时保持状态的使用 M500～M1023、M1024～M3071(三菱 PLC)或使用 HR0000～HR9915(欧姆龙 PLC)。

在同一个程序中,同一个编号的中间存储器不允许既作 A 用又作 B 用,例如,用 M000 表示第一工步后,就不允许再用 M000 去表示第二工步;用 M001 表示第一定时器的瞬动触点后,就不允许再用 M001 去表示第二定时器的瞬动触点。

(4) 特殊存储器是一种专门用于监测 PLC 的工作状态、提供时钟脉冲、给出各种标志的存储器,这些特殊存储器的状态是由系统程序写入的,用户只能读取或使用这些存储器的触点状态。

用户程序中经常使用的特殊存储器如表 2.3 所示。

表 2.3 用户程序中经常使用的特殊存储器

存储器编号		功　能
三菱 PLC	欧姆龙 PLC	
M8000	25313	在 PLC 工作期间始终保持接通(ON)
M8001	25314	在 PLC 工作期间始终保持断开(OFF)
M8002	25315	PLC 开始运行的第 1 个扫描周期接通,此后一直断开
M8003		PLC 开始运行的第 1 个扫描周期断开,此后一直接通
M8011		周期为 10ms 的时钟脉冲(ON5ms,OFF5ms)
M8012	25500	周期为 100ms 的时钟脉冲(ON50ms,OFF50ms)
M8013	25502	周期为 1s 的时钟脉冲(ON0.5s,OFF0.5s)
M8014	25400	周期为 1min 的时钟脉冲(ON0.5min,OFF0.5min)
	25401	周期为 20ms 的时钟脉冲(ON10ms,OFF10ms)
	25501	周期为 200ms 的时钟脉冲(ON100ms,OFF100ms)

(5) 定时存储器常简称为定时器,是专门用于定时控制的存储器。一般情况使用 T000～T199 或 TIM000～TIM511,计时要求精细时使用 T200～T245 或 TIMH000～TIMH511。

欧姆龙 PLC 中编号为 TIM/CNT000～511 的存储器,既可作为普通定时器使用(此时记作 TIM000～TIM511),又可作为精细(即高速)定时器使用(此时记作 TIMH000～TIMH511),也可作为减计数器使用(此时记作 CNT000～CNT511),还可作为双向计数器使用(此时记作 CNTR000～CNTR511),正因为这种存储器具有多种功能,因此在分配使用时应注意在同一程序中:同一编号的存储器不允许同时当作 TIM、TIMH、CNT、CNTR 使用(例如不允许把 000 号存储器同时写成 TIM000、TIMH000、CNT000、CNTR000),也不允许多个定时器(或多个计数器)共用同一个存储器编号(例如第一定时器写成 TIM001 后就不允许把第二定时器也写成 TIM001,第一计数器写成 CNT000 后就不允许把第二计数器也写成 CNT000)。

(6) 计数存储器常简称为计数器,是专门用于对脉冲个数进行计数控制的存储器。一般情况使用 C000～C099、C100～C199(均为加计数)或 CNT000～CNT511(减计数),双向计数使用 C200～C219、C220～C234 或 CNTR000～CNTR511。

2.2.3　PLC 内部常用存储器的分配方法

进行 PLC 内部存储器分配的目的有两个,一是指定好参与系统控制的存储器,从而为设计用户程序确定好参与编程的元件,二是为设计硬件接线图提供一个画图依据。

进行 PLC 内部存储器分配其实很简单,就是对输入存储器与主令电器的对应关系、输出存储器与被控电器的对应关系进行逐一分配,并以列表的形式规定下来。

PLC 内部存储器的分配方法是:

(1) 把控制开关、行程开关、光电开关、保护开关等主令电器依次分配给 PLC 上实际存在的输入存储器。

(2) 把接触器、电磁阀、蜂鸣器、指示灯等被控电器依次分配给 PLC 上实际存在的输出存储器。

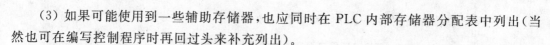

（3）如果可能使用到一些辅助存储器，也应同时在 PLC 内部存储器分配表中列出（当然也可在编写控制程序时再回过头来补充列出）。

表 2.4 示出了一个三条传送带运输机顺序启动逆序停止的 PLC 控制系统内部存储器分配表，供参考。

表 2.4   三条传送带运输机顺序启动逆序停止的 PLC 控制系统存储器分配表

输入存储器分配		输出存储器分配	
元件名称及代号	输入存储器编号	元件名称及代号	输出存储器编号
·过热继电器触点 FR1	X000	1 号接触器线圈 KM1	Y001
过热继电器触点 FR2	X001		
过热继电器触点 FR3	X002		
1 号电机启动开关 SB1	X003	2 号接触器线圈 KM2	Y002
2 号电机启动开关 SB2	X004		
3 号电机启动开关 SB3	X005		
1 号电机停止开关 SB4	X006	3 号接触器线圈 KM3	Y003
2 号电机停止开关 SB5	X007		
3 号电机停止开关 SB6	X010		
辅助存储器分配			
元件名称及代号		中间存储器编号	
中间继电器 KA		M000	

2.3   硬件接线图绘制

硬件接线图绘制，就是根据 PLC 存储器分配表，绘制出主令电器与 PLC 输入端口之间的具体连接关系以及被控电器与 PLC 输出端口之间的具体连接关系。

由于输入存储器与输入端口之间、输出存储器与输出端口之间，不仅有着严格的对应关系，而且还使用着相同的编号，所以，把输入存储器与主令电器的对应关系、输出存储器与被控电器的对应关系以列表的形式规定下来后（即 PLC 存储器分配后），实际上也就是把输入端口与主令电器的对应关系、输出端口与被控电器的对应关系规定了下来。因此在绘制硬件接线图时，只需按照 PLC 存储器分配表，把主令电器连接到与输入存储器相同编号的输入端口上、把被控电器连接到与输出存储器相同编号的输出端口上就行了。

图 2.1 示出的是根据表 2.4 所示的 PLC 存储器分配表绘制出的三条传送带运输机顺序启动逆序停止的 PLC 控制系统硬件接线图，供参考。

硬件接线图是各种主令电器、被控电器的安装以及 PLC 与它们之间具体接线工作的依据，其线路设计得是否合理、是否简洁，都可能影响到整个系统的正常工作。

2.3.1   输入端口连接方式

由于 PLC 的输入接口有内供电源直流输入接口和外供电源交/直流输入接口两种，因此，相应的输入端口连接方式也就有内供电源连接法和外供电源连接法两种。另外，外供电

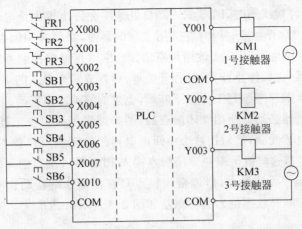

图 2.1　三条传送带运输机顺序启动逆序停止的 PLC 控制系统硬件接线图

源连接法中还有汇点式接线法和分隔式接线法,这样一来,输入端口的连接方式就有内供电源汇点式接线法、外供电源汇点式接线法和外供电源分隔式接线法三种,分别如图 2.2(a)、图 2.2(b)和图 2.2(c)所示。

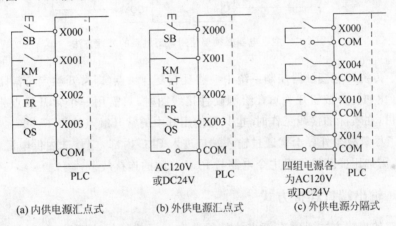

(a) 内供电源汇点式　　　(b) 外供电源汇点式　　　(c) 外供电源分隔式

图 2.2　输入端口连接方式

在设计输入端口连接方式时应注意以下问题。

(1) 由于 PLC 是无法识别主令电器的触点是常开型的还是常闭型的,只能识别出主令电器的触点是闭合状态还是断开状态——如果主令电器触点是闭合的,则内部输入存储器处于 1 状态;如果主令电器触点是断开的,则内部输入存储器处于 0 状态。因此,PLC 外接主令电器的触点如果使用常闭型的,则会引起两方面问题:

第一,由于主令电器触点经常处于闭合状态,PLC 的输入接口将长期通电,这不仅会使能耗增加,还会缩短输入接口的使用寿命。

第二,由于使用常开触点的主令电器动作时,PLC 内部输入存储器是处于 1 状态,而使用常闭触点的主令电器动作时,PLC 内部输入存储器却处于 0 状态。同样是主令电器动作,却出现两种截然相反的存储状态,这不仅扰乱了我们头脑中对主令电器动作与输入存储器状态间对应关系的认知习惯,还将造成我们对梯形图中触点符号的接通与断开概念的混乱,最后导致编制出错误的梯形图程序。

因此,在绘制硬件接线图时,PLC输入端口处绝不允许出现主令电器的常闭触点,而应统一使用主令电器的常开触点;同时在选用主令电器时,必须选用触点是常开型的或者是带有常开触点的;即使是用PLC去改造现有的传统继电接触器控制系统,也必须把原来是常闭触点的主令电器(比如停止开关、行程开关等)更换成常开触点的主令电器。只有这样,才不会给后续的梯形图程序编写工作惹下麻烦,也才能够编写出正确的梯形图程序!

对于某些主令电器必须要使用常闭触点的,则必须先用该主令电器的常闭触点去控制一个传统的中间继电器线圈,然后用这个中间继电器的常闭触点代替主令电器的常闭触点接到PLC的输入端口,这样就可避免常闭触点接入PLC输入端口的问题了(因为虽然接到PLC输入端口的仍属于常闭触点,但该常闭触点只有在主令电器动作时才闭合,绝大多数的时间里实际是处于断开状态的),具体做法如图2.3所示。

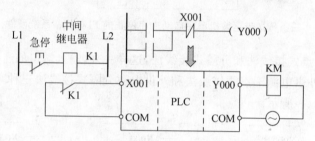

图2.3   主令电器必须要使用常闭触点的处理方法

(2)对于传统继电接触器控制系统中一些具有复合触点(即常开触点与常闭触点联动)的主令电器(比如复合按钮开关),在绘制硬件接线图时,只需用一个常开触点接到PLC的输入端口即可,在实际的接线工作时,也只需使用其中的常开触点就行了。

(3)为了尽量减少外界干扰通过输入端口进入PLC内部,应首选内供电源汇点式接线法,必要时还需选用屏蔽线作为主令电器与PLC之间的连接线。

2.3.2   输出端口连接方式

输出端口的连接方式通常有汇点式接线法和分隔式接线法两种,分别如图2.4(a)和图2.4(b)所示。

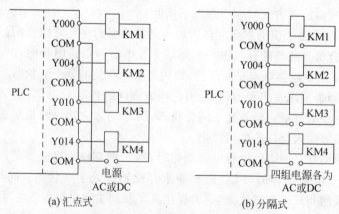

图2.4   输出端口连接方式

采用汇点式接线法时要注意将 COM1、COM2、COM3 等公共端全部连接起来；采用分隔式接线法时要注意：由于 Y000～Y003 的公共端是 COM1，Y004～Y007 的公共端是 COM2，Y010～Y013 的公共端是 COM3，Y014～Y017 的公共端是 COM4，因此，只允许 Y000～Y003 共用一组电源，Y004～Y007 共用一组电源，……。如果要把 Y000～Y007 共用一组电源，则必须把 COM1 和 COM2 连接起来，否则有部分被控电器的工作可能不正常。

图 2.4 中，负载电源的选用要根据负载的具体情况而定，直流负载选用直流电源，交流负载选用交流电源；如果既有直流负载又有交流负载，则除优先选用继电器型输出接口外，还可考虑插配不同的输出单元来解决；如果同时有不同电压等级的负载，则可采用分隔式接线法来解决。

2.3.3 减少输入输出点数的方法

PLC 输入输出点数的多少以及是否插配 I/O 单元是决定 PLC 控制系统的价格高低的关键因素，在某些特殊情况下，甚至会出现是用普通继电接触器控制系统合算还是用 PLC 控制系统合算的问题。例如，输入输出共有 10 点的抢答控制器，如果使用 16 点的 PLC，则其价格成本过高，用户可能难以接受；但如果设法使用 8 点的 PLC，则用户可能因其价格尚能容忍而接受。再如，输入输出共有 18 点的简易霓虹灯控制器，如果使用 16 点的 PLC 再插配 I/O 单元，用户可能因其价格太高而放弃；但如果设法不插配 I/O 单元，则用户有可能因价格稍低而选用。因此，设法减少输入点数或输出点数就成为降低 PLC 控制系统成本的重要措施。

1. 减少输入点数的常用方法

(1) 某些功能简单、不经过 PLC 处理也能控制被控电器的主令电器，可以直接设置在 PLC 外面，这样便可少占用 PLC 的输入点。例如，手动复位型过热保护继电器常闭触点就可直接与被控电器串联，而不必去占用 PLC 的 1 个输入点，如图 2.5 所示(注意：自动复位型过热保护继电器常闭触点则必须接在 PLC 输入端口，通过梯形图实现过载保护，否则会因突然启动而引发安全事故)。

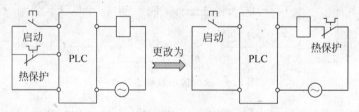

图 2.5 减少输入点数方法之一

(2) 某些性能相近、功能相同的主令电器，可将它们的触点进行合理的串联或并联后再接到 PLC 的输入端口，这样可节省出较多的 PLC 输入点。例如，机床电动机的停止开关触点、过热保护继电器触点、过流保护继电器触点和安全保护接近开关触点，就可以串联后再接入 PLC 输入端口，这样可节省出 PLC 的 3 个输入点，如图 2.6 所示。

(3) 在程序中设置双稳态程序，使一只开关便起到启动开关和停止开关的双重功能，这样就可节省出 PLC 的 1 个输入点，如图 2.7 所示。

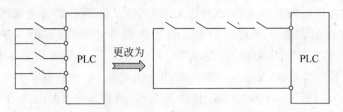

图 2.6   减少输入点数方法之二

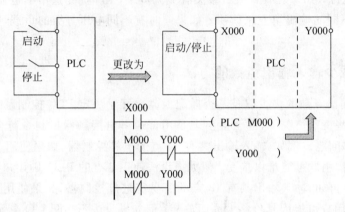

图 2.7   减少输入点数方法之三

2. 减少输出点数的常用方法

(1) 将通断规律完全一致且完全同步的被控电器并联起来后,再接到 PLC 的输出端口上,就可少占用 PLC 的输出点。例如,控制某一电动机运转的接触器线圈和指示该电动机运转状态的指示灯,就可并联后接到 PLC 的 1 个输出端口上,这样就可节省出 PLC 的 1 个输出点,如图 2.8 所示。

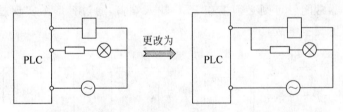

图 2.8   减少输出点数方法之一

(2) 在程序中设置闪烁程序,使分别指示不同状态的两只灯合并成一只灯,就可少占用 PLC 的 1 个输出点。例如,水箱里水位在正常值以上时,绿灯亮,水位在正常值以下时,红灯亮,现在在程序中设置闪烁程序,使水位在正常值以上时,绿灯常亮,水位在正常值以下时,绿灯闪烁,这样就可节省出 PLC 的 1 个输出点,如图 2.9 所示。

(3) 在程序中设置编码程序,再通过 PLC 外部的译码电路进行译码,这样,原来占用 4 个输出口的,现在只需 2 个输出口,原来占用 8 个输出口的,现在只需 3 个输出口,原来占用 16 个输出口的,现在只需 4 个输出口……如图 2.10 所示。

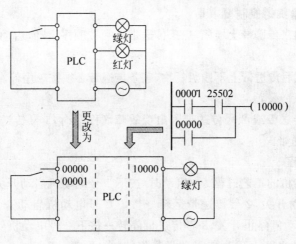

图 2.9　减少输出点数方法之二

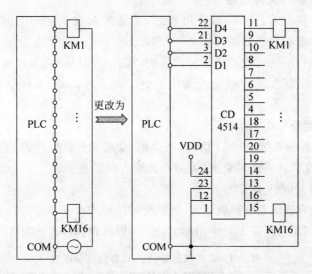

图 2.10　减少输出点数方法之三

2.4　硬件设计示范

下面以三条传送带运输机控制系统为例,示范一下 PLC 硬件系统的设计方法。

1. 明确控制要求

三条传送带运输机的工作示意图如图 2.11 所示。

图 2.11　三条传送带运输机工作示意图

三条传送带运输机的控制要求是：

（1）为防止货物在传送带上堆积，三条传送带必须按顺序启动，启动顺序为1号→2号→3号。

（2）为保证停机后传送带上不残留货物，三条传送带必须按顺序停车，停车顺序为3号→2号→1号。

（3）如果1号传送带或2号传送带因出现故障而停车时，3号传送带应能立即停车，避免仍有货物进入传送带。

2．拟定工艺过程

三条传送带运输机的工艺过程为：启动时，按下1号电动机启动开关，1号传送带运转→按下2号电动机启动开关，2号传送带运转→按下3号电动机启动开关，3号传送带运转；停止时，按下3号电动机停止开关，3号传送带停转→按下2号电动机停止开关，2号传送带停转→按下1号电动机停止开关，1号传送带停转。

3．确定主令电器和被控电器

从上述控制要求和工艺过程可看出，三条传送带运输机控制系统中主令电器应有：1号、2号、3号三台电动机的启动开关SB1、SB2、SB3，1号、2号、3号三台电动机的停止开关SB4、SB5、SB6，另外，为对电动机进行热保护，应有过热保护继电器触点FR1、FR2、FR3；三条传送带运输机控制系统中被控电器应有：1号、2号、3号三台电动机的接触器线圈KM1、KM2、KM3。

4．选择PLC型号

这是一个小型控制系统，根据PLC选型原则，欧姆龙公司生产的CQM1H系列中12点输入/8点输出的PLC就可满足要求，无需再插配I/O扩展单元。

5．PLC存储器分配

由于该PLC没有插配I/O扩展单元，可供使用的输入存储器编号仅有00000～00011，可供使用的输出存储器编号仅有10000～10007，所以，PLC存储器的分配情况如表2.5所示。

表2.5　传送带运输机PLC存储器分配表

输入存储器分配		输出存储器分配	
元件名称及代号	输入存储器编号	元件名称及代号	输出存储器编号
过热继电器触点FR1	00000	1号接触器线圈KM1	10001
过热继电器触点FR2	00001		
过热继电器触点FR3	00002		
1号电机启动开关SB1	00003	2号接触器线圈KM2	10002
2号电机启动开关SB2	00004		
3号电机启动开关SB3	00005		
1号电机停止开关SB4	00006	3号接触器线圈KM3	10003
2号电机停止开关SB5	00007		
3号电机停止开关SB6	00008		
辅助存储器分配			
元件名称及代号		中间存储器编号	
中间继电器KA		01600	

6．绘制硬件接线图

根据 PLC 存储器分配表绘制出的三条传送带运输机控制系统硬件接线图如图 2.12 所示。

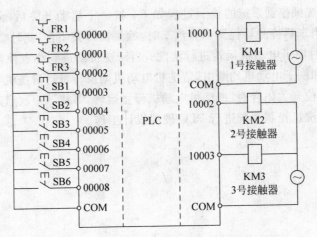

图 2.12　三条传送带运输机控制系统硬件接线图

到此，三条传送带运输机控制系统的硬件设计工作全部完成，接下来便可进行软件设计工作了。

习题 2

1. 选用 PLC 时，一般只重点考虑其中的 _____、_____、_____、_____、_____、_____ 以及 _____ 等几项主要的性能参数。

2. PLC 选型原则的要点是：能用 _____ 的就不用 _____ 的，能用 _____ 的就不用 _____ 的，能用 _____ 的就不用 _____ 的；主令电器不带电源的选用 _____ 输入接口，交/直流负载可选用 _____ 输出接口，直流负载选用 _____ 输出接口，交流负载选用 _____ 输出接口。

3. FX2N 系列 PLC 中，128 点输入存储器被分配成 _____ 这 _____ 个输入通道，128 点输出存储器被分配成 _____ 这 _____ 个输出通道，这些通道除分配在 _____ 上的以外，其余通道是依次分配在 _____ 上的。每个通道上都分配有 _____ 位输入存储器和 _____ 位输出存储器，编号都为 _____。

4. FX2N 系列 PLC 中，哪些常用存储器属于辅助存储器？它们都制作在哪个单元内？它们都同时存在吗？是否可以随时随地任意使用它们？

5. 输入存储器、输出存储器、辅助存储器这三者是否可以互换使用？

6. 分配输入/输出存储器时，应首先使用哪个单元上的？什么情况下才能使用扩展单元上的？

7. 同一个程序中，同一个编号的存储器可以同时分配给两个或两个以上的电器使用吗？

8. 进行 PLC 存储器分配时，应把哪些电器分配给 PLC 的输入存储器（输入端口），应把哪些电器分配给 PLC 的输出存储器(输出端口)?

9. PLC 输入端口处允许接入主令电器的常闭触点吗? 如果某主令电器必须采用常闭触点,请问应如何处理? 画出处理方法的接线图。

10. 某汽车清洗机控制系统的控制过程如下:按一下启动开关后,清洗机电动机正转带动清洗机前进,当车辆检测器检测到有汽车时,检测器开关闭合,此时喷淋器电磁阀得电,打开阀门淋水,同时刷子电动机运转进行清洗;当清洗机前进到终点使终点限位开关闭合时,喷淋器电磁阀和刷子电动机均断电,清洗机电动机则反转带动清洗机后退;当清洗机后退到原点使原点限位开关闭合时,清洗机电动机停止运转,等待下一次启动。

试对该汽车清洗机控制系统进行 PLC 硬件设计工作。

第3章

PLC的软件设计技术

本章要点

- 常用梯形图语言；
- 什么叫做设计梯形图程序；
- 替换设计法；
- 真值表设计法；
- 波形图设计法；
- 流程图设计法；
- 经验设计法。

本章关键知识点

- 梯形图语言中的图形符号与传统继电接触器控制电路图中的图形符号的关系；
- 存储器状态与梯形图语言中图形符号的关系；
- 梯形图程序的设计方法。

对于一台 PLC 来说，硬件是躯体，软件是灵魂，这就是说，在 PLC 的应用中，光有 PLC 这个硬件是不能实现任何控制功能的，还必须有用户程序这个软件与之配合，才能实现我们所要求的控制功能。因此，软件的设计工作是必不可少的。

PLC 的软件，包括系统程序和用户程序两部分。系统程序是由 PLC 生产厂家提供的，它仅仅用来管理和控制 PLC 的运行、解释二进制代码所表示的操作功能，以及检查和显示 PLC 的运行状态，它并不能直接实现我们用户所需要的控制功能。但用户程序就不同了，一个 PLC 应用系统能够实现什么样的控制功能，能够完成什么样的控制任务，完全是由用户程序来决定的，用户程序是需要我们用户自己来编写的。很显然，PLC 的软件设计工作，具体来说就是用户程序的设计工作。

用户程序的设计工作，是整个 PLC 应用技术的核心工作，是 PLC 应用设计中最最重要的部分，也是初学者感到最难的地方。可以这样说，学会了用户程序设计技术，就等于跨进了 PLC 应用技术的大门。

3.1 梯形图语言概述

3.1.1 首选梯形图语言的原因

我们知道，凡是用输入存储器的状态、输出存储器的状态以及辅助存储器的状态来表达控制过程中主令电器与被控电器之间的逻辑关系或者控制关系的程序设计语言组合，都称

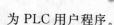

为 PLC 用户程序。

程序设计语言有许多种,国际电工委员会(IEC)在 PLC 编程语言标准 IEC61131-3 中就推荐了顺序功能图、梯形图、功能块图、指令表和结构文本共 5 种程序设计语言。但事实上,目前应用最为普遍的、最受 PLC 用户欢迎的,却是被 PLC 用户尊奉为第一编程语言的梯形图语言。这主要是因为在当前的 PLC 用户中,工厂和企业里的电气技术人员是一支主要的生力军,他们对传统的继电接触器控制系统非常熟悉,对传统的继电接触器控制电路图更是耳熟能详,而在梯形图语言中,恰好又专门设置了一些图形符号来代替传统继电接触器控制电路图中的图形符号。这样一来,凡是熟悉传统继电接触器控制电路图的电气技术人员,或者是稍有一些电气控制基础知识的人员,只要模仿传统继电接触器控制电路图表达控制关系的方式,用梯形图语言中的接线符号把动合触点符号、动断触点符号和线圈符号按控制要求串并联连接成一个一个的逻辑行,再把这些逻辑行一层一层地连接在左右两根母线之间,就可以设计出梯形图程序了。可以这样说,凡是熟悉传统继电接触器控制电路图的电气技术人员,或者是稍有一些电气控制基础知识的人员,只需学习一到两天,就能将传统的继电接触器控制电路图转换成梯形图程序,完成对传统继电接触器控制系统的升级改造工作。如果再进行一个短期培训,学习一下本书推出的模板化梯形图设计方法,则能轻松地设计出全新的 PLC 控制系统的梯形图程序,完成绝大多数 PLC 控制系统的设计工作。

显而易见,用梯形图语言来设计 PLC 用户程序不仅简单易学,而且快捷实用,因此,梯形图语言自然而然就被 PLC 用户尊奉为第一编程语言。我们在这里也建议 PLC 应用技术人员首选使用梯形图语言,在本书中也只学习用梯形图语言设计用户程序的方法。

梯形图语言是一种图形语言,它的种类很多,不同厂家生产的产品,使用的梯形图语言互不相同,甚至同一厂家生产的不同产品,使用的梯形图语言也不相同。但是,不同种类的梯形图语言之间并不是完全风马牛不相及的,只不过是大同小异罢了,我们只要掌握了其中的一种,其他的就能触类旁通了。这里,我们学习三菱公司的 FX2N 系列和欧姆龙公司的 CQM1H 系列 PLC 的梯形图语言。

梯形图语言的内容也很多,但对于绝大多数的梯形图程序来说,其中的一小部分梯形图语言就已足够使用了(这就是人们常说的"学习 10% 的梯形图语言,编出 90% 的梯形图程序"),况且对于初学者来说,入门是主要的,因此,我们只学习一些常用的梯形图语言。

3.1.2 认识梯形图

图 3.1 示出了一段梯形图程序,从这段梯形图程序可看出:

梯形图是用接线符号把触点符号和线圈符号串并联连接成的逻辑行一层一层地连接在左右两根母线之间形成的一种简图,由于其结构形状类似于我们日常生活中的阶梯,因此称为梯形图。

梯形图中,由动合触点、动断触点和线圈串并联连接成的一个逻辑行称为一个梯级或一级阶梯。最左边的一根长垂直线称为左母线,最右边的一根长垂直线称为右母线。通常可以认为,左母线相当于电源的正极线,右母线相当于电源的负极线,因此在逻辑行中有一个从左向右流动的电流。据此人们约定,在一个逻辑行中,左母线到线圈之间的所有触点称为线圈的控制条件,控制条件形成通路时线圈得电,控制条件未形成通路时线圈失电。为了画图方便,一般都把右母线省略,即不画出右母线。

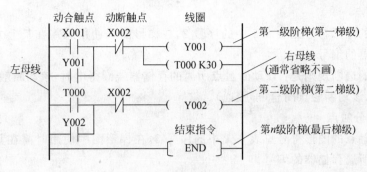

图 3.1　梯形图形式

PLC 中的存储器,实际上仅仅是一种电子器件,并不是所谓的"软继电器",所以存储器上根本就不存在所谓的"线圈"、"动合触点"和"动断触点"。那么在梯形图中为什么会出现"线圈"、"动合触点"和"动断触点"这些图形符号呢? 这主要是因为,当前工作在工厂和企业里的广大电气工程技术人员,对传统的继电接触器控制系统非常熟悉,对传统的继电接触器控制电路图更是耳熟能详,如果在设计梯形图时能够模仿传统继电接触器控制电路图的结构形式、能够沿用传统继电接触器控制电路图表达控制关系的方式、能够使用与传统继电接触器控制电路图非常接近的图形符号,那么,电气工程技术人员就能够驾轻就熟地快速设计出梯形图程序来。为了达到这个目的,人们便有意识地把 PLC 中的存储器虚构成是一种具有"线圈"、"动合触点"和"动断触点"的电子器件,于是,业界中便流行起这样一种说法——PLC 中的存储器是一种具有线圈、动合触点和动断触点的编程元件。有了这样的虚构,广大的电气工程技术人员便可以按照传统继电接触器控制电路图的画法,十分方便地用"动合触点符号"代替主令电器及被控电器的常开触点符号、用"动断触点符号"代替主令电器及被控电器的常闭触点符号、用"线圈符号"代替被控电器的线圈符号来设计梯形图。

梯形图中所说的某存储器线圈得电,实际就是使该存储器状态为"1";所说的某存储器线圈失电,实际就是使该存储器状态为"0"。某存储器处于"1"状态,就认为梯形图中所说的与该存储器相同编号的动断触点断开/动合触点闭合(即触点动作);某存储器处于"0"状态,就认为梯形图语言中所说的与该存储器相同编号的动合触点断开/动断触点闭合(即触点复位)。

3.2　常用梯形图语言

常用的梯形图语言包括触点符号类、接线符号类、线圈符号类和指令符号类共 4 类。

3.2.1　触点符号类语言

1. 动合触点

动合触点的图形符号见表 3.1 中的序号 1,在梯形图中使用时需在其上方标出该动合触点所属存储器的编号。

动合触点的通断规则是:该动合触点所属的存储器线圈得电时,该动合触点闭合(即接通),存储器线圈失电时,该动合触点断开。

2. 动断触点

动断触点的图形符号见表 3.1 中的序号 2,在梯形图中使用时需在其上方标出该动断触点所属存储器的编号。

动断触点的通断规则是:该动断触点所属的存储器线圈得电时,该动断触点断开,存储器线圈失电时,该动断触点闭合(即接通)。

3. 前沿微分触点

前沿微分触点的图形符号见表 3.1 中的序号 3,在梯形图中使用时需在其上方标出该前沿微分触点所属存储器的编号。

前沿微分触点的通断规则是:从控制条件由 OFF 变为 ON 时刻开始,该前沿微分触点所属的存储器线圈得电一个扫描周期后失电,该前沿微分触点相应地闭合(即接通)一个扫描周期后断开。

表 3.1　触点符号类梯形图语言

序号	名称	符号	所属存储器编号	使用示例
1	动合触点	—| |—	X000～X177、00000～01515、	X000 —| |—
2	动断触点	—|/|—	Y000～Y177、10000～11515、M000～M499、	X000 —|/|—
3	前沿微分触点	—|↑|—	01600～08915、11600～18915、21600～21915、	M000 —|↑|—
4	后沿微分触点	—|↓|—	T000～T199、C000～C099、TIM/CNT000～TIM/CNT511	M000 —|↓|—

4. 后沿微分触点

后沿微分触点的图形符号见表 3.1 中的序号 4,在梯形图中使用时需在其上方标出该后沿微分触点所属存储器的编号。

后沿微分触点的通断规则是:从控制条件由 ON 变为 OFF 时刻开始,该后沿微分触点所属存储器线圈得电一个扫描周期后失电,该后沿微分触点相应地闭合(即接通)一个扫描周期后断开。

3.2.2　接线符号类语言

1. 左母线

左母线的图形符号见表 3.2 中的序号 5,在梯形图中使用时需画在梯形图的最左边,触点类符号和指令类符号需画在左母线的右侧并与左母线垂直连接。

2. 右母线

右母线的图形符号见表 3.2 中的序号 6,在梯形图中使用时需画在梯形图的最右边,线圈类符号和指令类符号需画在右母线的左侧并与右母线垂直连接。实用中为了画图方便,一般都把右母线省略掉(即不画出右母线)。

3. 垂直线

垂直线的图形符号见表 3.2 中的序号 7,在梯形图中使用时,垂直线左侧可垂直连接触点类符号,垂直线右侧可垂直连接触点类符号或线圈类符号。

4. 水平线

水平线的图形符号见表 3.2 中的序号 8,在梯形图中使用时,水平线的左侧可与左母线垂直连接或与触点类符号连接,水平线的右侧可与除接线类外的各种图形符号连接。

表 3.2 接线符号类梯形图语言

序号	名称	符号	使用示例
5	左母线		⊢┤├┤/├ ─┤ END ┠
6	右母线		─┤├─(Y001) ─┤ END ┠
7	垂直线		(T001 K30) (Y001)
8	水平线	—	─┤/├─┤├─(Y001)

3.2.3 线圈符号类语言

1. 通用线圈

通用线圈的图形符号见表 3.3 中的序号 9,在梯形图中使用时需在括号内标出该通用线圈所属存储器的编号。

通用线圈的得电失电规则是:控制条件形成通路时,该通用线圈得电,控制条件未形成通路时,该通用线圈失电。

2. 前沿微分线圈

前沿微分线圈的图形符号见表 3.3 中的序号 10,在梯形图中使用时需在 PLS 右边或 DIFU 下方标出该前沿微分线圈所属存储器的编号。

前沿微分线圈的得电失电规则是:从控制条件由 OFF 变为 ON 时刻开始,该前沿微分线圈得电一个扫描周期后失电。

3. 后沿微分线圈

后沿微分线圈的图形符号见表 3.3 中的序号 11,在梯形图中使用时需在 PLF 右边或 DIFD 下方标出该后沿微分线圈所属存储器的编号。

后沿微分线圈的得电失电规则是:从控制条件由 ON 变为 OFF 时刻开始,该后沿微分线圈得电一个扫描周期后失电。

4. 置位线圈和复位线圈

置位线圈的图形符号和复位线圈的图形符号分别见表 3.3 中的序号 12 和序号 13,通常情况下都是对同一个存储器进行置位和复位,所以在梯形图中使用时需在 SET 右边和 RST 右边或者 SET 下方和 RSET 下方分别标出被置位线圈或被复位线圈所属存储器的编号(通常情况下是置位线圈和复位线圈使用同一个编号)。

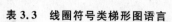

表3.3　线圈符号类梯形图语言

序号	名称	符号	所属存储器编号	使用示例
9	通用线圈	—（　）	Y000～Y177、 M000～M499、 10000～11515、 01600～08915、 11600～18915、 21600～21915	—┤├—（Y000）
10	前沿微分线圈	—（PLS　） ┌（DIFU　）		—┤├—（PLS M000） —┤├—（ DIFU 01600 ）
11	后沿微分线圈	—（PLF　） ┌（DIFD　）		—┤├—（PLF M000） —┤├—（ DIFD 01600 ）
12	置位线圈	—（SET　） ┌（SET　）	Y000～Y177、 M000～M499、 10000～11515、 01600～08915、 11600～18915、 21600～21915、 S000～S499	—┤├—（SET M000） —┤├—（ SET 01600 ）
13	复位线圈	┌（RST　） ┌（RSET　）	Y000～Y177、 M000～M499、 10000～11515、 01600～08915、 11600～18915、 21600～21915、 S000～S499、 T000～T199、 C000～C099	—┤├—（RST M000） —┤├—（ RSET 01600 ）
14	普通定时器线圈	—（T　K　） ┌（ TIM # ）	T000～T199、 TIM000～TIM511	—┤├—（T000 K30） —┤├—（ TIM 000 #30 ）
15	精细定时器线圈	—（T　K　） ┌（ TIMH # ）	T200～T245、 TIMH000～TIMH511	—┤├—（T200 K50） —┤├—（ TIMH 001 #50 ）
16	单向计数器线圈	复位脉冲—（RST C　） 计数脉冲—（C　K　） 计数脉冲—（ CNT 复位脉冲（ # ）	C000～C099、 CNT000～CNT511	复位脉冲—（RST C000） 计数脉冲—（C000 K20） 计数脉冲—（ CNT 复位脉冲 000 #20 ）
17	双向计数器线圈	加减控制—（M8　） 复位脉冲—（RST C　） 计数脉冲—（C　K　） 加脉冲—（ CNTR 减脉冲 复位脉冲 # ）	C200～C219、 CNTR000～CNTR511	加减控制—┤├—（M8219） 复位脉冲—┤├—（RST C219） 计数脉冲—┤├—（C219 K10） 加脉冲—┤├—（ CNTR 减脉冲 001 复位脉冲 #10 ）
18	锁存线圈	置位脉冲—（KEEP　） 复位脉冲—（ ）	10000～11515、 01600～08915、 11600～18915、 21600～21915	置位脉冲—┤├—（ KEEP 复位脉冲—┤├—（ 01600 ）

置位线圈和复位线圈的得电失电规则是：置位脉冲前沿出现时，该线圈开始得电，置位脉冲消失后，该线圈仍然得电；当复位脉冲前沿出现时，无论置位脉冲是否存在，该线圈均立即失电，复位脉冲消失后，该线圈仍失电。

梯形图中，允许对同一个存储器进行多次置位和复位，而且是既可先置位后复位，也可先复位后置位。另外，还可单独用 RST 对计数器或定时器进行复位。

5. 普通定时器线圈和精细定时器线圈

普通定时器线圈的图形符号和精细定时器线圈的图形符号分别见表 3.3 中的序号 14 和序号 15，在梯形图中使用时需在 T 右边或者 TIM 下方和 TIMH 下方分别标出该定时器线圈所属的定时存储器的编号，还需在 K 右边或者♯右边分别标出设置的定时值。定时值的取值范围——K 值为 1～32 767、♯值为 1～9999。定时值的计算方法——普通定时器定时值＝定时时间(s)÷0.1s、精细定时器定时值＝定时时间(s)÷0.01s。

普通定时器线圈和精细定时器线圈的得电失电规则是：从控制条件由 OFF 变为 ON 时刻开始，T 定时器就从 0 起、TIM 定时器就从设置的定时值起，普通定时器每过去 0.1s、精细定时器每过去 0.01s，K 值便增加 1、♯值便减去 1，当 K 值增加到设置的定时值或♯值减到 0 时，定时时间到，定时器线圈开始得电，一直到控制条件由 ON 变为 OFF 时，定时器线圈才失电(此时定时器复位，其 K 值或♯值返回到设置的定时值，等待下一次计时)。

无论是普通定时器还是精细定时器，在使用中都要注意：

(1) 精细定时器在其他 PLC 书籍上被称为高速定时器。

(2) 只有在定时时间到时(即定时结束时)，定时器线圈才开始得电，不要错误地认为控制条件由 OFF 变为 ON 时定时器线圈就已开始得电了。

(3) 定时器线圈得电时间的长短，由控制条件形成通路的持续时间和设定的定时时间共同来决定，即得电时间等于控制条件形成通路的持续时间减去定时时间，因此，控制条件形成通路的持续时间必须大于设置的定时时间，定时器线圈才有一段得电的时间。如果控制条件形成通路的持续时间小于设置的定时时间(即定时时间还未到，控制条件就由 ON 变为 OFF 了)，那么，定时器线圈根本就不会得电；但如果定时时间到了以后，控制条件一直保持 ON 而不变为 OFF，那么，定时器线圈将一直保持得电状态，定时器将失去再次定时的功能。

(4) TIM 精细定时器线圈的图形符号内应标为 TIMH×××，但该精细定时器的触点符号上方却只允许标成 TIM×××，而不允许标成 TIMH×××。

6. 单向计数器线圈和双向计数器线圈

单向计数器线圈的图形符号见表 3.3 中的序号 16，在梯形图中使用时需在 C 右边或 CNT 下方标出该单向计数器线圈所属的计数存储器的编号，还需在 K 右边或♯右边标出设置的计数值(计数值的取值范围——K 值为 1～32 767、♯值为 1～9999)。

单向计数器线圈的得电失电规则是：计数脉冲的前沿每出现一次，C 计数器便从 0 起使 K 值依次加 1、CNT 计数器便从设置的计数值起使♯值依次减 1，当 K 值加到设置的计数值时、或者当♯值减到 0 时，单向计数器线圈开始得电，一直到复位脉冲前沿出现时，单向计数器线圈才失电(此时单向计数器复位，C 计数器的 K 值返回到 0，CNT 计数器的♯值返回到设置的计数值，等待下一次计数)。

双向计数器线圈的图形符号见表 3.3 中的序号 17，在梯形图中使用时需在 M8 右边和

C右边或者CNTR下方标出该双向计数器线圈所属的计数存储器的编号,还需在K右边或♯右边标出设置的计数值(计数值的取值范围——K值为$-2\,147\,483\,648\sim+2\,147\,483\,647$、♯值为$1\sim9999$)。

双向计数器线圈的得电失电规则是:加计数脉冲的前沿每出现一次,K值或者♯值便从0起依次加1,当加到设置的计数值时,双向计数器线圈开始得电,再来一个加计数脉冲前沿时,双向计数器线圈失电(此时双向计数器复位,K值或者♯值返回到0,等待下一次计数);减计数脉冲的前沿每出现一次,K值或者♯值便从设置的计数值起依次减1,当减到0时,双向计数器线圈开始得电,再来一个减计数脉冲前沿时,双向计数器线圈失电(此时双向计数器复位,K值或者♯值返回到设置的计数值,等待下一次计数)。无论何时复位脉冲前沿出现,双向计数器均被立即复位。

无论是单向计数器还是双向计数器,在使用中都要注意:

(1)只有K值或♯值加到设置的计数值时、或者K值或♯值减到0时,计数器线圈才开始得电,不要错误地认为只要计数脉冲出现,计数器线圈就已开始得电了。

(2)单向计数器线圈得电时间的长短,由K值加到设置的计数值时(或者♯值减到0时)和复位脉冲前沿出现时这两个时刻的间隔时间来决定。如果复位脉冲在K值没有加到设置的计数值时(或者♯值没有减到0时)就提前出现,那么,单向计数器线圈根本就不会得电;但如果K值加到了设置的计数值后(或者♯值减到了0后),复位脉冲却迟迟不出现,那么,单向计数器线圈将一直保持得电状态,计数器将失去再次计数的功能。

(3)双向计数器线圈的得电时间非常短暂,仅为计数脉冲频率的倒数(例如计数脉冲的频率为50Hz,得电时间仅$1/50=0.02s$),因此,用双向计数器的触点去驱动输出存储器线圈时,应注意使用自锁电路。

(4)计数器线圈得电的时间内、或者复位脉冲的高电平期间、或者加脉冲和减脉冲同时作用期间,计数器是不计数的。

(5)对于CNT计数器线圈,计数脉冲必须在前(即接在上方),复位脉冲必须在后(即接在下方);对于CNTR计数器线圈,加计数脉冲必须在前(即接在上方),减计数脉冲其次(即接在中间),复位脉冲必须在最后(即接在下方)。

(6)在梯形图中,C单向计数器线圈的画法与CNT单向计数器线圈的画法不同,C单向计数器线圈的复位端与计数端分画成上下两个梯级。C双向计数器线圈的画法也与CNTR双向计数器线圈的画法不同,C双向计数器线圈的加减控制端、复位端和计数端分画成上中下3个梯级。至于C双向计数器到底是进行加计数还是进行减计数,则必须通过加减控制端控制对应的特殊存储器的状态来决定——特殊存储器状态为OFF时,对应的计数器进行加计数,特殊存储器状态为ON时,对应的计数器进行减计数(注意:特殊存储器后3位的编号必须与双向计数器的编号相同,即双向计数器编号为C200时,则特殊存储器编号必须为M8200,双向计数器编号为C219时,则特殊存储器编号必须为M8219)。

(7)CNTR双向计数器线圈的图形符号内应标为CNTR×××,但该计数器的触点符号上方却只允许标成CNT×××,而不允许标成CNTR×××。

7. 锁存线圈(欧姆龙PLC专用)

锁存线圈的图形符号见表3.3中的序号18,在梯形图中使用时需在KEEP下方标出该锁存线圈所属存储器的编号。

锁存线圈的得电失电规则是：置位脉冲前沿出现时，该锁存线圈开始得电，置位脉冲消失后，该锁存线圈仍得电，当复位脉冲前沿出现时，无论置位脉冲是否存在，该锁存线圈均立即失电。

锁存线圈在使用中要注意：

（1）置位信号必须在前（即接在上方），复位信号必须在后（即接在下方）。

（2）锁存线圈得电时间的长短，由置位脉冲前沿到复位脉冲前沿之间的间隔时间决定，而与置位脉冲的宽度无关；复位脉冲前沿一旦出现，锁存线圈立即失电，而与置位脉冲是否存在无关。

3.2.4 指令符号类语言

主程序结束指令

主程序结束指令的图形符号见表3.4中的序号19,在梯形图中使用时必须做到：

（1）每一个完整的用户程序中，都必须有一个主程序结束指令。

（2）主程序结束指令必须放在主程序的最后。

表3.4 指令符号类梯形图语言

序号	名 称	符 号	使 用 示 例
19	主程序结束指令	—[END]	—│/│—(Y001) —[END]

梯形图语言是设计梯形图程序的基础，在了解了梯形图语言后，我们就可用梯形图语言来设计梯形图程序了。

所谓设计梯形图程序，说得笼统一点，就是使用梯形图语言编写用户程序；说得具体一点，就是借助于某种设计方法，用梯形图语言中的接线符号把相关的动合触点符号、动断触点符号和线圈符号按用户的要求串并联，从而连接成一个一个的逻辑行，再把这些逻辑行一层一层地连接在左右两根母线之间，从而表达出主令电器与被控电器之间的逻辑关系或控制关系，这个过程就叫做设计梯形图程序，简称为编程。

梯形图程序的设计方法有很多种，常用的是替换设计法、真值表设计法、波形图设计法、流程图设计法和经验设计法等5种，下面分别介绍这5种设计法。

3.3 梯形图程序的替换设计法

替换设计法最适合于用PLC对传统继电接触器控制系统进行升级改造的场合。

3.3.1 替换设计法的步骤和要点

用替换设计法设计梯形图程序的关键是：要会用表3.5列出的梯形图语言中的图形符号去替换传统继电接触器控制电路图中的图形符号，尤其是通电延时型时间继电器瞬动触点的替换方法和断电延时型时间继电器的替换方法。

表 3.5　梯形图图形符号与传统继电接触器控制电路图图形符号的对应关系

梯形图语言中的图形符号		继电接触器控制电路图中的图形符号	
左母线	┃	电源相线 L1	
右母线	┃	电源相线 L2	
动合触点 ——┤├——		常开触点	
动断触点 ——┤/├——		常闭触点	
通用线圈 ——（　　）——		接触器等线圈	
通电延时型定时器	线圈 ——（T××× K××） ------（ M000 ） 动合触点 ——┤├— T××× 动断触点 ——┤/├— T××× 瞬动触点 ——┤├— M000	通电延时型时间继电器	线圈 ——□ KT× 常开触点 —— KT-× 常闭触点 —— KT-× 瞬动触点 —— T×××S KT×
断电延时型定时器	线圈 A X000 T××× ——┤├——┤/├——（ M000 ） M000　　X000 ——┤├——┤/├——（T××× K××） 线圈 B X000 T××× ——┤/├——┤/├——（ M000 ） M000　　X000 ——┤├——┤├——（T××× K××） 动合触点 ——┤├— M000 动断触点 ——┤/├— M000	断电延时型时间继电器	线圈 a SB×或 KM× □ KT× 线圈 b SB×或 KM× □ KT× 常开触点 —— T×××D KT-× 常闭触点 —— T×××D KT-×

用替换设计法设计梯形图程序的步骤是：

（1）改画传统继电接触器控制电路图。

（2）分配 PLC 存储器。

（3）标注存储器编号。

（4）画梯形图。

用替换设计法设计梯形图程序各个步骤的要点如下。

第一步：改画传统继电接触器控制电路图。

将传统继电接触器控制系统电气原理图中的控制电路图逆时针旋转 90°后重新画出该控制电路图，画法是：第一行画控制电路图的倒数第一行，第二行画控制电路图的倒数第二行，……，最后一行画控制电路图的倒数最后一行。

控制电路图画好后，再把电器代号（即文字符号）逐一标在对应的图形符号的下方。

第二步：分配 PLC 存储器。

把启动开关、停止开关、行程开关、保护开关等主令电器的触点依次分配给 PLC 的输入存储器；把接触器线圈、电磁阀线圈、蜂鸣器线圈、指示灯等被控电器依次分配给 PLC 的输出存储器；把中间继电器线圈依次分配给 PLC 的中间存储器；把时间继电器线圈依次分配给 PLC 的定时器。分配的结果要以 PLC 存储器分配表的形式列出来。

第三步：标注存储器编号。

根据 PLC 存储器分配表中电器代号与 PLC 存储器编号的对应关系，把 PLC 输入存储器编号分别标在对应主令电器触点符号的上方；把 PLC 输出存储器编号分别标在对应接触器线圈符号的上方；把 PLC 中间存储器的编号分别标在对应中间继电器线圈符号的上方；把 PLC 定时器的编号分别标在对应时间继电器线圈符号的上方（注意这里必须标注出 K 值，K 值等于定时时间除以 0.1s，定时时间一般会标在时间继电器线圈的旁边）；再把 PLC 输出存储器编号、中间存储器编号和定时器编号分别标在对应接触器触点符号、中间继电器触点符号和时间继电器触点符号的上方。

标注存储器编号时应特别注意：凡是通电延时型时间继电器的瞬动触点应先临时用 T×××S 来标注，凡是断电延时型时间继电器的触点应先临时用 T×××D 来标注。

第四步：画梯形图。

根据表 3.5 所列出的梯形图语言中图形符号与传统继电接触器控制电路图中图形符号之间的对应关系，分别用梯形图中的图形符号来替换传统继电接触器控制电路图中的图形符号重新画图，也就是说用表 3.5 左边的图形符号去替换表 3.5 右边的图形符号重新画图，并在程序的最后加上 END 指令符号，即可得到初步的梯形图程序。

（1）分别用梯形图语言中的动合触点符号、动断触点符号、通用线圈符号来直接替换传统继电接触器控制电路图中的常开触点符号、常闭触点符号、接触器线圈符号。

（2）用通电延时型定时器线圈符号来直接替换通电延时型时间继电器线圈符号。

（3）通电延时型时间继电器如果使用瞬动触点，则应在定时器线圈符号 T××× 上并联一个 M000 线圈符号（如表中虚线所示），并用 M000 线圈的触点符号 M000 来替换瞬动触点符号 KT×（注意此时触点符号 KT× 已标注为 T×××S）。

（4）断电延时型时间继电器的控制条件 SB× 或 KM× 如果是常开触点，则应该用表 3.5 中的线圈 A 来替换线圈 a；控制条件 SB× 或 KM× 如果是常闭触点，则应该用表 3.5 中的线圈 B 来替换线圈 b。特别值得注意的是：线圈 A 或线圈 B 里的 X000 就是控制条件 SB× 或 KM×，也就是说，替换断电延时型时间继电器的线圈时，是连同断电延时型时间继电器的控制条件 SB×或 KM×一起替换掉的,换句话说,线圈 A 或线圈 B 里已经包含了控制条件 SB×或 KM×,千万不要再多画出一个控制条件 X000 来。同时不要忘记:还要分别用动合触点符号 M000 和动断触点符号 M000 来替换断电延时型时间继电器的常开触点符号 KT-×和常闭触点符号 KT-×(注意此时触点符号 KT-×已标注为 T×××D)。

3.3.2 替换设计法示范

1. 通电延时型控制系统的替换设计法

通电延时型双速电动机控制系统的电气原理图如图 3.2 所示。

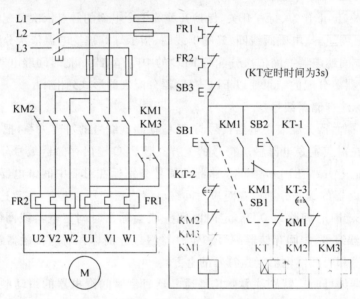

图 3.2 双速电动机控制系统电气原理图

第一步:改画传统继电接触器控制电路图。

本例画出的控制电路图如图 3.3 所示。

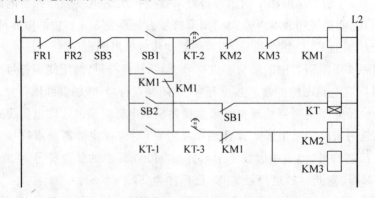

图 3.3 改画后的双速电动机控制电路图

第二步:分配 PLC 存储器。

本例分配的结果如表 3.6 所示。

表 3.6　PLC 存储器分配表

输入存储器分配		输出存储器分配	
元件名称及代号	输入存储器编号	元件名称及代号	输出存储器编号
低速启动开关 SB1	X001	低速接触器线圈 KM1	Y001
高速启动开关 SB2	X002		
停止开关 SB3	X003	高速接触器线圈 KM2	Y002
过热继电器触点 FR1	X004		
过热继电器触点 FR2	X005	高速接触器线圈 KM3	Y003

辅助存储器分配	
元件名称及代号	辅助存储器编号
通电延时型时间继电器 KT	T001 $K30$
	M000

第三步：标注存储器编号。

本例中，线圈 KT 是通电延时型时间继电器的线圈，故线圈 KT 可标注为 T001 $K30$；常开触点 KT-1 是瞬动触点，故先临时用 T001S 来标注，标注后的结果如图 3.4 所示。

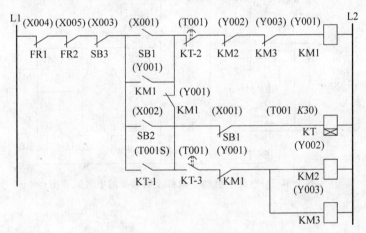

图 3.4　标注存储器编号后的控制电路图

第四步：画梯形图。

本例中，通电延时型时间继电器的线圈符号直接用通电延时型定时器线圈符号替换，并在该定时器符号上并联一个 M000 线圈，再用 M000 线圈的动合触点 M000 替换瞬动触点 T001S。最后得到的双速电动机控制系统 PLC 梯形图程序如图 3.5 所示。

2. 断电延时型控制系统的替换设计法

断电延时型丫-△降压启动电动机控制系统的电气原理图如图 3.6 所示。

第一步：改画传统继电接触器控制电路图。

本例画出的控制电路图如图 3.7 所示。

第二步：分配 PLC 存储器。

本例分配的结果如表 3.7 所示。

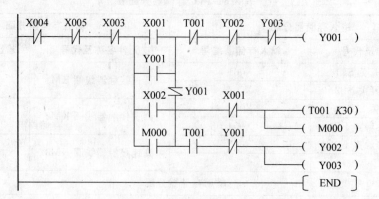

图 3.5   双速电动机控制系统 PLC 梯形图程序

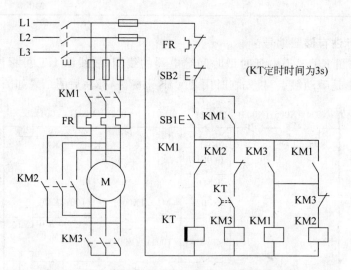

图 3.6   丫-△降压启动电动机控制系统的电气原理图

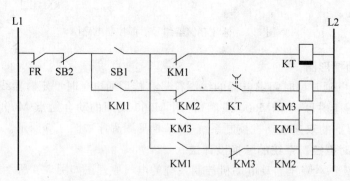

图 3.7   改画后的丫-△降压起动电动机控制电路图

表 3.7 PLC 存储器分配表

输入存储器分配		输出存储器分配	
元件名称及代号	输入存储器编号	元件名称及代号	输出存储器编号
过热继电器触点 FR	X000	主接触器线圈 KM1	Y001
启动开关 SB1	X001	△接触器线圈 KM2	Y002
停止开关 SB2	X002	Y接触器线圈 KM3	Y003
辅助存储器分配			
元件名称及代号		辅助存储器编号	
断电延时型时间继电器 KT		T001 $K30$	
		M000	

第三步：标注存储器编号。

本例中，线圈 KT 是断电延时型时间继电器，故线圈 KT 可标为 T001 $K30$；常开触点 KT 是断电延时型时间继电器的触点，故常开触点 KT 先临时标注为 T001D。标注后的结果如图 3.8 所示。

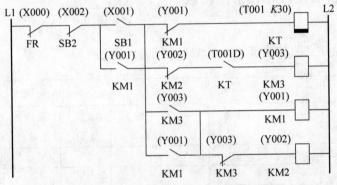

图 3.8 标注存储器编号后的控制电路图

第四步：画梯形图。

本例中，由于线圈 KT 是断电延时型时间继电器，并且其控制条件是常闭触点 KM1，所以，应该用表 3.5 中的线圈 B 来替换线圈 KT，同时用动合触点 M000 来替换常开触点 T001D。最后得到的断电延时型Y-△降压启动电动机控制系统 PLC 梯形图程序如图 3.9 所示。

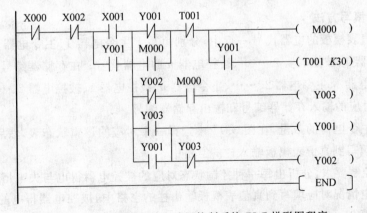

图 3.9 Y-△降压启动电动机控制系统 PLC 梯形图程序

初步得到的梯形图不一定是合理的梯形图,可能还需对其进行优化,这个问题将放在第 3.8 节中讨论。

3.4 梯形图程序的真值表设计法

真值表设计法特别适合于具有组合逻辑控制功能的场合。

用真值表设计法设计梯形图程序的步骤是:

(1) 确认主令电器和被控电器。

(2) 分配 PLC 存储器。

(3) 填写真值表。

(4) 画梯形图。

用真值表设计法设计梯形图程序的关键是要会填写真值表。

3.4.1 真值表模板和梯形图模板

1. 真值表模板

真值表设计法中的真值表模板如图 3.10 所示。

可能出现的控制状态	输　入				输　出			
	主令 电器 1	主令 电器 2	…	主令 电器 n	被控 电器 1	被控 电器 2	…	被控 电器 n
第 1 种								
第 2 种								
⋮								
第 n 种								
存储器编号								
电器代号								

图 3.10　真值表设计法中的真值表模板

2. 真值表填写方法

(1) 在真值表模板的电器代号一行中,分别填写上主令电器 1、主令电器 2、……、主令电器 n、被控电器 1、被控电器 2、……、被控电器 n 的电器代号;在存储器编号一行中,分别填写上与主令电器 1、主令电器 2、……、主令电器 n、被控电器 1、被控电器 2、……、被控电器 n 等电器代号对应的输入存储器编号和输出存储器编号。

(2) 根据主令电器的数量,在图 3.11 中选择一个对应的逻辑状态表,然后把选中的组合逻辑状态表填写到真值表模板输入栏的空格中。

(3) 依据控制要求,分析出每一种控制状态对应的被控电器得电与失电情况,并把被控电器得电与失电情况对应填写到真值表模板输出栏的空格中,被控电器得电的就填 1,被控电器失电的就填 0。

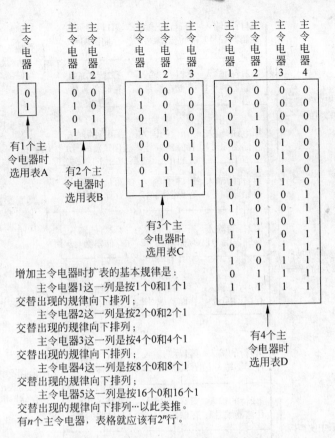

图 3.11 主令电器的组合逻辑状态表

3．梯形图模板

真值表设计法中的梯形图模板如图 3.12 所示。

4．梯形图模板使用方法

（1）每一级阶梯中，使该被控电器为 1 的控制状态有几种，就应有几条并联支路；每种控制状态各由几个主令电器组合而成，该支路就应有几个触点串联。

（2）真值表中主令电器为 1 的，该模板中对应的触点就用动合触点符号；真值表中主令电器为 0 的，该模板中对应的触点就用动断触点符号。

3.4.2 真值表设计法示范

试设计一个三人制约仓库门锁的控制系统，具体控制要求如下：

仓库门锁上设置有三个锁孔开关，当锁孔中没有插入钥匙或插入无效钥匙时，该锁孔的锁孔开关断开；当锁孔中插入有效钥匙时，该锁孔的锁孔开关闭合。

三个锁孔开关中，只有一个锁孔开关闭合时，红灯亮起发出不允许开锁的警告；只有两个锁孔开关闭合时，黄灯亮起发出无法开锁的提示；当三个锁孔开关全部闭合时，绿灯亮起发出开锁信号并使电磁锁得电打开门锁。

第一步：确认主令电器和被控电器。

三人制约仓库门锁控制系统中，主令电器有 3 个——锁孔开关 SB1、锁孔开关 SB2、锁

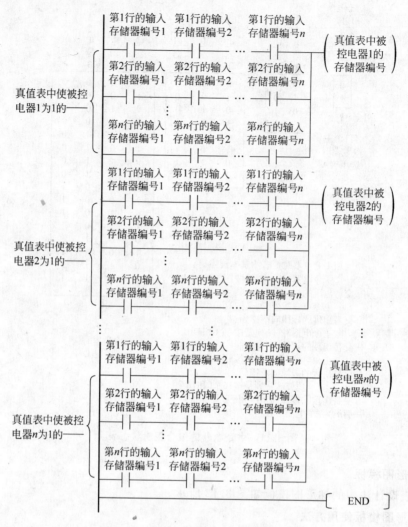

图 3.12 真值表设计法中的梯形图模板

孔开关 SB3；被控电器有 4 个——红灯 HL1、黄灯 HL2、绿灯 HL3、电磁锁线圈 KM（其中电磁锁线圈与绿灯动作规律一致且完全同步）。

第二步：分配 PLC 存储器。

分配的结果如表 3.8 所示。

表 3.8 PLC 存储器分配表

输入存储器分配		输出存储器分配	
元件名称及代号	输入存储器编号	元件名称及代号	输出存储器编号
锁孔开关 SB1	X001	红灯 HL1	Y001
锁孔开关 SB2	X002	黄灯 HL2	Y002
锁孔开关 SB3	X003	绿灯 HL3	Y003
		电磁锁线圈 KM	Y004

第三步：填写真值表。

先在真值表模板的电器代号一行中，对应于主令电器1、主令电器2、主令电器3、被控电器1、被控电器2、被控电器3、被控电器4的空格，分别填上SB1、SB2、SB3、HL1、HL2、HL3、KM；在存储器编号一行中，对应于SB1、SB2、SB3、HL1、HL2、HL3、KM的空格，分别填上X001、X002、X003、Y001、Y002、Y003、Y004。再把图3.11中的表C填到真值表模板的输入栏空格中（因为本控制系统共有3个主令电器，所以选图3.11中的表C）。最后依据控制要求分析得知，每一种控制状态对应的被控电器得电与失电情况有3种——对应于第二种、第三种和第五种控制状态，被控电器1应为1；对应于第四种、第六种和第七种控制状态，被控电器2应为1；对应于第八种控制状态，被控电器3和被控电器4应为1，余下的空格应全为0。把分析的结果填写到真值表模板的输出栏空格中，得出的真值表如表3.9所示。

表3.9 三人制约仓库门锁的真值表

可能出现的控制状态	输入			输出			
	主令电器1	主令电器2	主令电器3	被控电器1	被控电器2	被控电器3	被控电器4
第一种	0	0	0	0	0	0	0
第二种	1	0	0	1	0	0	0
第三种	0	1	0	1	0	0	0
第四种	1	1	0	0	1	0	0
第五种	0	0	1	1	0	0	0
第六种	1	0	1	0	1	0	0
第七种	0	1	1	0	1	0	0
第八种	1	1	1	0	0	1	1
存储器编号	X001	X002	X003	Y001	Y002	Y003	Y004
电器代号	SB1	SB2	SB3	HL1	HL2	HL3	KM

第四步：画梯形图。

表3.9所示的真值表中，因使Y001为1的控制状态有3种——第二种、第三种和第五种，因此第一级阶梯应由3条支路并联而成；又因每种控制状态各由3个主令电器组合而成，因此，每条支路应由3个输入存储器触点X001、X002、X003串联而成；同时可看出，使Y001为1的第一行（即第二种控制状态）的输入存储器状态分别为——X001为1、X002为0、X003为0，使Y001为1的第二行（即第三种控制状态）的输入存储器状态分别为——X001为0、X002为1、X003为0，使Y001为1的第三行（即第五种控制状态）的输入存储器状态分别为——X001为0、X002为0、X003为1，因此，第一条支路应由动合触点X001、动断触点X002、动断触点X003串联而成，第二条支路应由动断触点X001、动合触点X002、动断触点X003串联而成，第三条支路应由动断触点X001、动断触点X002、动合触点X003串联而成。这样一来，仿照梯形图模板的结构，梯形图的第一级阶梯就被画出来了，如图3.13所示。

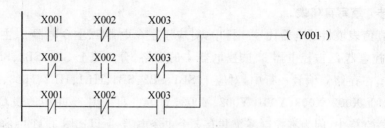

图 3.13　梯形图的第一级阶梯

按类似的方法,逐一画出梯形图的第二级阶梯和第三级阶梯。

考虑到 Y003 和 Y004 的动作规律完全一致且完全同步,故把 Y004 并接到 Y003 上。

最后一级阶梯应是一个 END 指令符号。

至此,三人制约仓库门锁控制系统的梯形图程序设计完成,完整的梯形图程序见图 3.14。

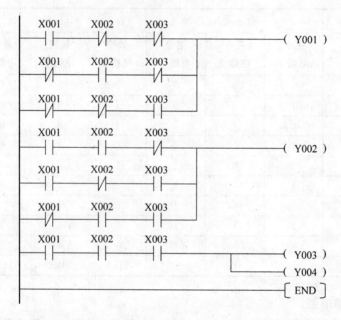

图 3.14　三人制约仓库门锁控制系统的梯形图程序

3.5　梯形图程序的波形图设计法

波形图设计法特别适合于具有时序逻辑控制功能的场合,或者说特别适合于被控电器按时间先后顺序进行工作的场合。

用波形图设计法设计梯形图程序的步骤是:

(1)确认主令电器和被控电器。

(2)分配 PLC 存储器。

(3)画波形图。

（4）画梯形图。

用波形图设计法设计梯形图程序的关键是要会画出波形图。

3.5.1　波形图模板和梯形图模板

1．波形图模板

波形图设计法中的波形图模板如图 3.15 所示。

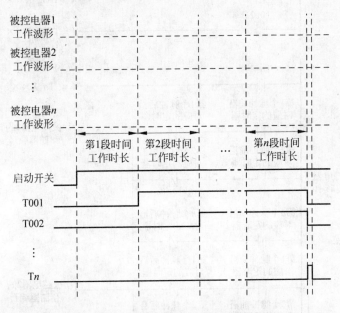

图 3.15　波形图设计法中的波形图模板

2．波形图画法

（1）必须是先画出工作波形，然后划分出时间段，再画出定时器波形。

（2）有 n 个被控电器，就需画出 n 行工作波形。

（3）画工作波形时，应按时段分析，对于某一时段来说，该时段中各有哪些被控电器处于工作状态，则这些被控电器的工作波形上就应出现正向脉冲，换句话说，对于某一被控电器，其分别在哪些时段处于工作状态，则这些时段处就应有正向脉冲出现在该被控电器的工作波形上。

（4）每个循环若分为 n 个时间段，就用 n 个定时器，也就需画出 n 个 T 的定时波形。

3．梯形图模板

波形图设计法中的梯形图模板如图 3.16 所示。

4．梯形图模板使用方法

（1）模板后半部分的每一级阶梯中，对应于该被控电器的工作波形中有几个脉冲，该梯级就应有几条并联支路。

（2）某脉冲的前沿若不是对应某个定时器波形的上升沿，而是对应于启动开关波形的上升沿，则应使用启动开关的动合触点。

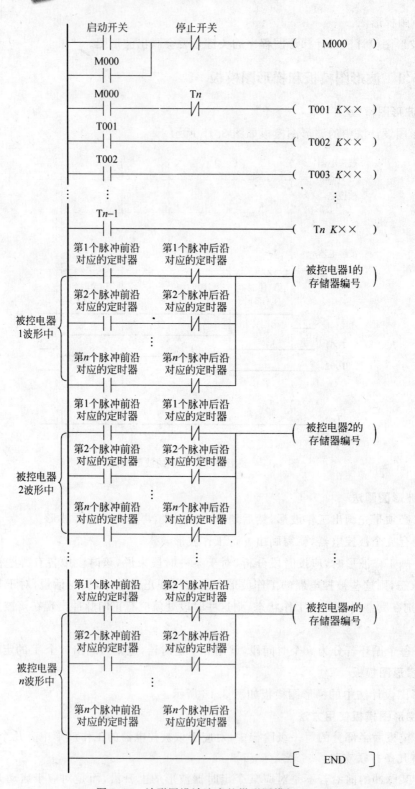

图 3.16　波形图设计法中的梯形图模板

3.5.2　波形图设计法示范

试设计一个霓虹灯的控制系统,具体控制要求如下:用 6 组霓虹灯 HL1、HL2、HL3、HL4、HL5、HL6 组成"科研所欢迎您"6 个字灯,亮灯过程为——HL1～HL6 依次点亮 1s→全暗 1s→HL1 先点亮 1s 后 HL2 点亮→再隔 1s 后 HL3 点亮→再隔 1s 后 HL4 点亮→再隔 1s 后 HL5 点亮→再隔 1s 后 HL6 点亮→再隔 1s 后全暗 2s→HL1～HL6 全亮 2s→全暗 2s→再从头开始循环;霓虹灯由光控开关控制,白天光控开关断开,霓虹灯不工作;夜晚光控开关闭合,霓虹灯工作。

第一步:确认主令电器和被控电器。

这个霓虹灯控制系统中,主令电器只有 1 个——光控开关 GK;被控电器有 6 个——霓虹灯 HL1、HL2、HL3、HL4、HL5、HL6。

第二步:分配 PLC 存储器。

把 GK 分配给 PLC 的输入存储器,把 HL1、HL2、HL3、HL4、HL5、HL6 依次分配给 PLC 的输出存储器,另外,由于本霓虹灯 1 个循环过程分为 16 个时间段,故用 16 个定时器进行控制。

PLC 存储器分配的结果如表 3.10 所示。

表 3.10　PLC 存储器分配表

输入存储器分配		输出存储器分配	
元件名称及代号	输入存储器编号	元件名称及代号	输出存储器编号
		霓虹灯 HL1	Y001
		霓虹灯 HL2	Y002
		霓虹灯 HL3	Y003
光控开关 GK	X000	霓虹灯 HL4	Y004
		霓虹灯 HL5	Y005
		霓虹灯 HL6	Y006
辅助存储器分配			
元件名称及代号		定时器编号	
第 1 定时器		T001	
第 2 定时器		T002	
第 3 定时器		T003	
第 4 定时器		T004	
第 5 定时器		T005	
第 6 定时器		T006	
第 7 定时器		T007	
第 8 定时器		T008	
第 9 定时器		T009	
第 10 定时器		T010	
第 11 定时器		T011	
第 12 定时器		T012	
第 13 定时器		T013	
第 14 定时器		T014	
第 15 定时器		T015	
第 16 定时器		T016	

第三步：画波形图。

本控制系统共有 6 个被控电器，故应画出 6 行工作波形。根据控制要求可知，Y001 应分别在第 1、第 8～13 和第 15 时段工作；Y002 应分别在第 2、第 9～13 和第 15 时段工作；Y003 应分别在第 3、第 10～13 和第 15 时段工作；Y004 应分别在第 4、第 11～13 和第 15 时段工作；Y005 应分别在第 5、第 12、第 13 和第 15 时段工作；Y006 应分别在第 6、第 13 和第 15 时段工作。16 个时间段中，第 1 段时间～第 13 段时间的工作时长都是 1s，第 14 段时间～第 16 段时间的工作时长都是 2s，因此，仿照波形图模板的结构，就可画出这个霓虹灯控制系统的波形图，如图 3.17 所示。

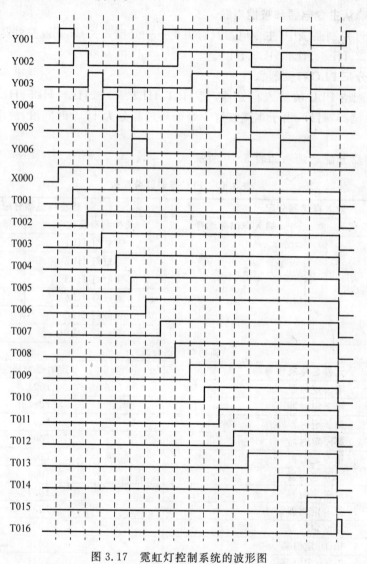

图 3.17　霓虹灯控制系统的波形图

第四步：画梯形图。

由于本控制系统中未分别使用启动开关和停止开关，而只使用了一只光控开关 X000，因此梯形图模板中的第 1 级阶梯应舍去不用；第 2 级阶梯中：M000 应由 X000 代替，Tn 应是 T016；第 17 级阶梯中：T$n-1$ 应是 T015，Tn 应是 T016；第 18 级阶梯中：被控电器 1

应是 Y001，由于 Y001 共有 3 个脉冲，因此第 18 级阶梯应有 3 行，又因第 1 个脉冲的前沿与 X000 的前沿对应、后沿与 T001 的前沿对应，第 2 个脉冲的前沿与 T007 的前沿对应、后沿与 T013 的前沿对应，第 3 个脉冲的前沿与 T014 的前沿对应、后沿与 T015 的前沿对应，所以，第 1 行的动合触点应是 X000、动断触点应是 T001，第 2 行的动合触点应是 T007、动断触点应是 T013，第 3 行的动合触点应是 T014、动断触点应是 T015；第 19～23 级阶梯的画法类似于第 18 级阶梯的画法；第 24 级阶梯应是 END 指令符号。

另外，由于第 1 段时间～第 13 段时间的工作时长都是 1s，第 14 段时间～第 16 段时间的工作时长都是 2s，因此，T001～T013 的 K 值都是 1s÷0.1s＝10、T014～T016 的 K 值都是 2s÷0.1s＝20。

至此，霓虹灯控制系统的梯形图程序设计完成，完整的梯形图程序见图 3.18。

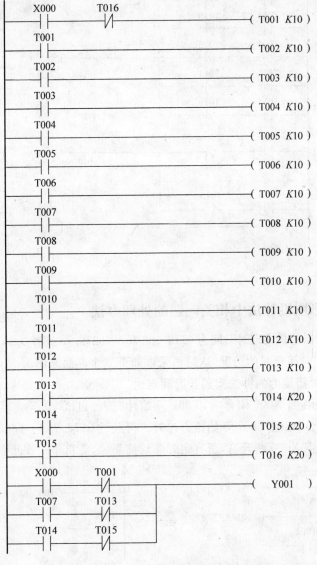

图 3.18 霓虹灯控制系统的梯形图程序

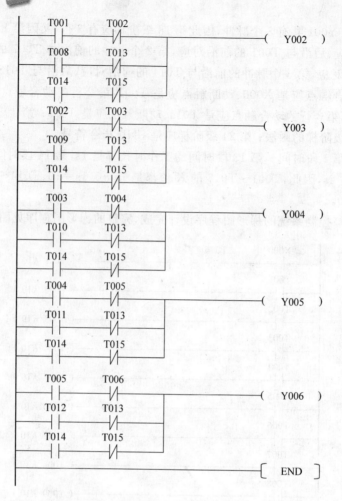

图 3.18 （续）

3.5.3 波形图设计法中相关问题的处理办法

由于普通定时器的最大定时时间为 $0.1s \times 32\,767 = 3276.7s$ 或者 $0.1s \times 9999 = 999.9s$，无法满足那些需要长时间定时的情况，这时可采取如下三个办法来解决。

1. 用多个定时器接力的办法实现长时间定时

如图 3.19 所示，当 X000 闭合时，T001 开始计时，经过 3276.7s 后 T001 定时时间到，动合触点 T001 闭合，接通 T002 开始接力计时。再经过 3276.7s 后 T002 定时时间到，动合触点 T002 闭合。当 X000 断开时，所有定时器均被复位，等待下一次重新计时。

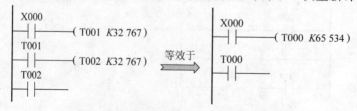

图 3.19　多个定时器接力实现长时间定时

很显然,从 X000 闭合到 T002 闭合,时间已经经历了 3276.7s+3276.7s=6553.4s,定时时间已扩展到了原来的 2 倍。若需要更长的定时时间,可按此法依此类推,用 3 个、4 个甚至更多个定时器进行接力定时,总定时时间则为各个定时器定时时间之和。

2. 用特殊存储器配合计数器的办法实现长时间定时

如图 3.20 所示,当动合触点 00000 闭合时,动断触点 00000 断开,复位功能被取消,计数器 CNT001 对特殊存储器 25400 触点的通断次数进行计数,由于 25400 为分脉冲信号特殊存储器,所以 CNT001 每隔 1min 减 1,当减到 0 时,动合触点 CNT001 闭合。当动合触点 00000 断开时,动断触点 00000 闭合,计数器被复位,等待下一次重新计数。

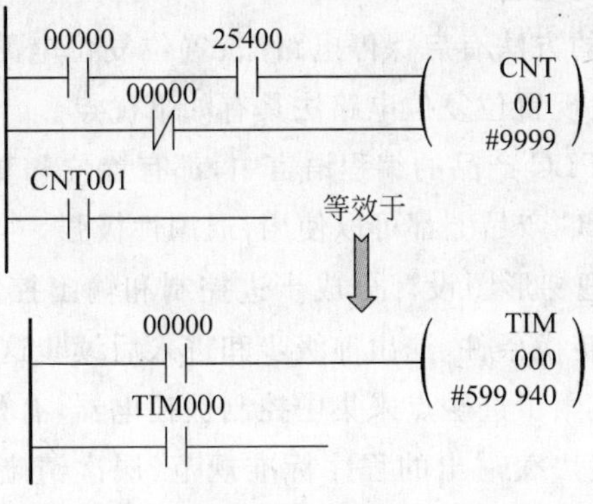

图 3.20 特殊存储器配合计数器实现长时间定时

很显然,从动合触点 00000 闭合到 CNT001 闭合,时间已经经历了 60s × 9999 = 599 940s,定时时间可达普通定时器的 600 倍,可以算得上是一个长延时定时器了。

3. 用定时器配合计数器的办法实现长时间定时

如果上述两个办法仍不能满足长时间定时的要求,则可采用定时器配合计数器的办法来实现超长时间定时,如图 3.21 所示。当动合触点 X000 闭合时,T001 开始计时,计到 3276.7s 时,动断触点 T001 断开,定时器复位,又进入下一次计时,与此同时,动合触点 T001 通断 1 次,计数器 C002 则对动合触点 T001 的通断次数进行加计数,当计到 32 767 次时,动合触点 C002 闭合。当动合触点 X000 断开时,定时器 T001 和计数器 C002 均复位,等待下一次重新计时。

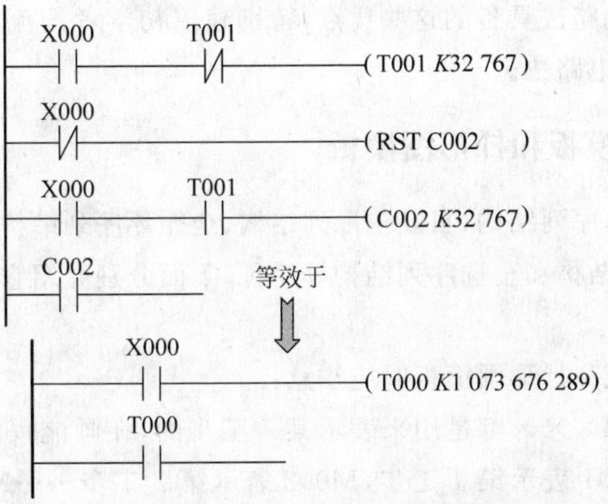

图 3.21 定时器配合计数器实现长时间定时

很显然,从动合触点 X000 闭合到 C002 闭合,时间已经经历了 3276.7s×32 767＝107 367 628.9s,定时时间可达普通定时器的 32 767 倍,可以算得上是一个超长时间定时器了。

3.6　梯形图程序的流程图设计法

流程图设计法特别适合于具有顺序步进控制功能的场合,或者说特别适合于被控电器按动作先后顺序进行工作的场合。

用流程图设计梯形图的方法有启保停电路法、置位复位电路法、步进电路法、移位电路法四种,经过仔细比较后发现置位复位电路法具有如下优点。

(1) 国内外任何一种 PLC 产品的编程语言中,都有置位和复位这两条指令,所以,置位复位电路法在任何一种 PLC 产品上都可以使用,通用性极强。

(2) 置位复位电路法把梯形图设计分成步进控制和输出控制两部分来设计,不仅只用一个电路块便完成了指定转换条件、退出前级步和进入后续步这些转换规则规定的工作,轻松地实现了步进控制,而且用步进触点来集中控制被控电器,有效地避免了线圈重复使用的问题。因此,置位复位电路法编写出的程序标准规范、层次清晰、便于阅读和理解、又不会出错。

(3) 无论流程图的结构多么复杂,置位复位电路法总是用一个电路块来解决每一步,并且每一个电路块的结构形式几乎是完全相同,特别具有规律性,所以,置位复位电路法非常容易学习,短时间内就能掌握。

(4) 置位复位电路法在设计每一个电路块时,只需考虑本电路块应退出的是哪一前级步、应进入的是哪一后续步、退出进入的转换条件又是什么就行了,而无需考虑本步之外的自锁、互锁、联锁等复杂问题,因此,编程时概念清楚、思路清晰,可从容应对复杂控制系统的编程。

(5) 置位复位电路法设计出的程序最简洁,占用的程序步最少,这对于大型复杂的控制系统来说是十分宝贵的,同时也非常有利于提高输出响应输入的速度。

考虑到置位复位电路法具备的这些优点,特别建议初学者用流程图设计法设计梯形图程序时,首选置位复位电路法。

3.6.1　流程图模板和梯形图模板

常见的流程图有单序列结构、自复位序列结构、全循环序列结构、部分循环序列结构、跳步序列结构、单选序列结构和全选序列结构等 7 种,下面分别介绍它们的流程图模板和梯形图模板。

在使用流程图模板和梯形图模板时应注意:

(1) 中间存储器 M××× 都是用来表示某一工步的,在画流程图时可直接套用。其中 M000 表示初始步,M001 表示第 1 工步,M002 表示第 2 工步……Mn 表示最后一个工步。而单选序列结构和全选序列结构中的 M000 则表示初始工步,即分支开始前 1 步,Mm 表示分支结束后,即分支合并后1步。

(2) 如果没有启动开关等启动步进条件,则要用 M8002 作为启动步进条件。

(3) Mn+1 为虚设一步,目的是为了顺利执行步进程序后面的普通程序。

(4) 单选序列结构只允许选中所有分支中的1个分支,即不允许有2个或2个以上分支同时被选中;全选序列结构必须将所有的分支同时选中,即不允许只选中其中的1个或部分分支。

(5) 这里用于步进的中间存储器用的是三菱产品中的 M000～M499,如果把 M000～M499 换成 01600～06203,再把 RST 换成 RSET,就可以用于欧姆龙产品了。

1. 单序列结构

单序列结构的流程图模板见图 3.22。

单序列结构的梯形图模板见图 3.23。

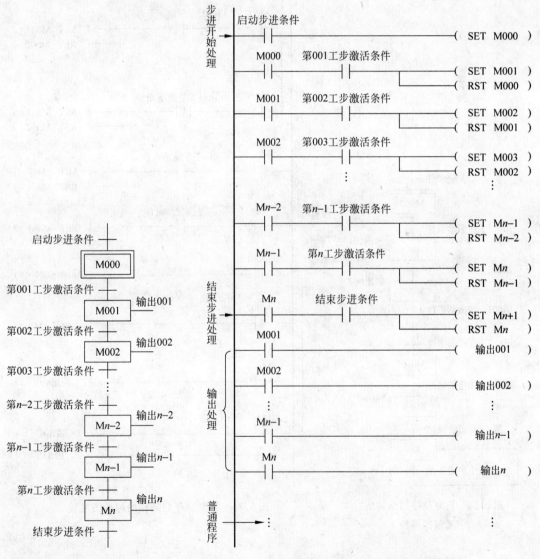

图 3.22 单序列结构的流程图模板　　　　图 3.23 单序列结构的梯形图模板

2. 自复位序列结构

自复位序列结构的流程图模板见图 3.24。

自复位序列结构的梯形图模板见图 3.25。

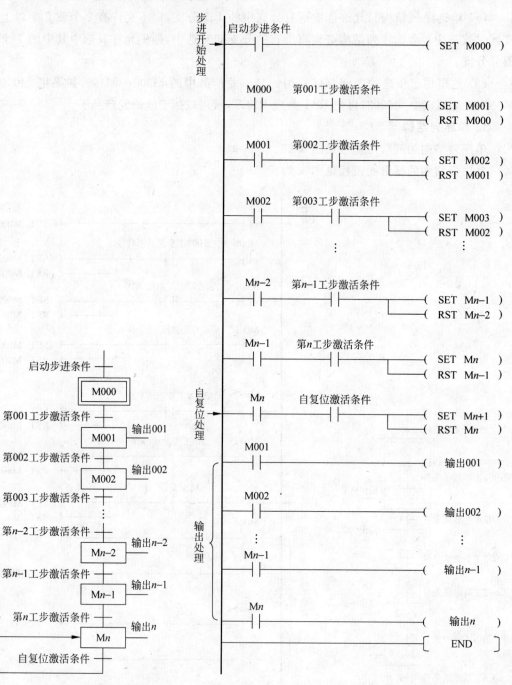

图 3.24 自复位序列结构的
流程图模板

图 3.25 自复位序列结构的梯形图模板

3. 全循环序列结构

全循环序列结构的流程图模板见图 3.26。

全循环序列结构的梯形图模板见图 3.27。

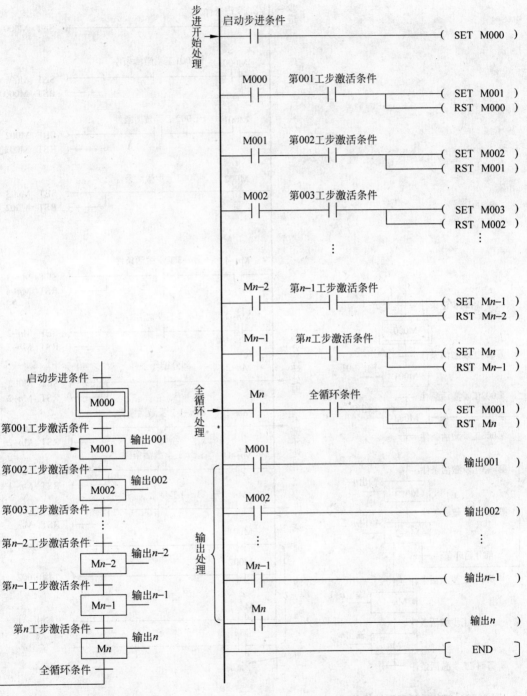

图 3.26　全循环序列结构的
流程图模板

图 3.27　全循环序列结构的梯形图模板

4．部分循环序列结构

部分循环序列结构的流程图模板见图 3.28。

部分循环序列结构的梯形图模板见图 3.29。

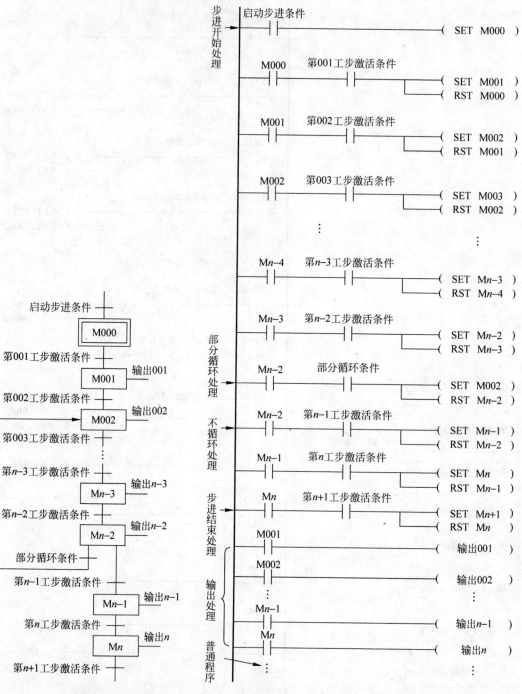

图 3.28　部分循环序列结构的
流程图模板

图 3.29　部分循环序列结构的梯形图模板

5．跳步序列结构

跳步序列结构的流程图模板见图 3.30。

跳步序列结构的梯形图模板见图 3.31。

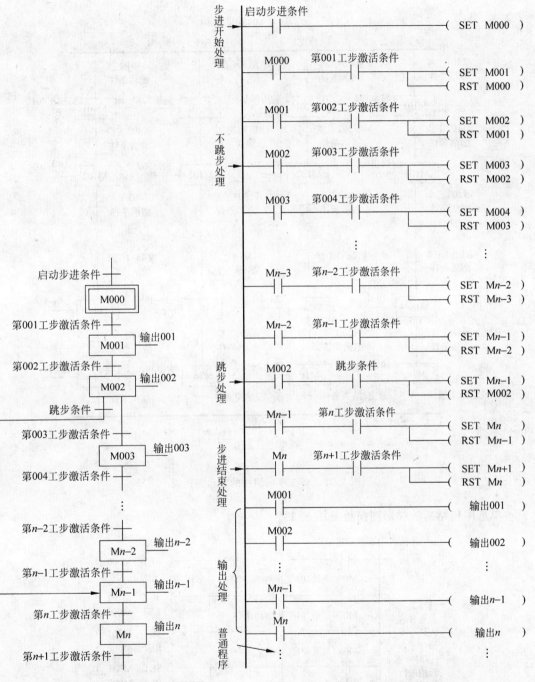

图 3.30 跳步序列结构的流程图模板

图 3.31 跳步序列结构的梯形图模板

6. 单选序列结构

单选序列结构的流程图模板见图 3.32。

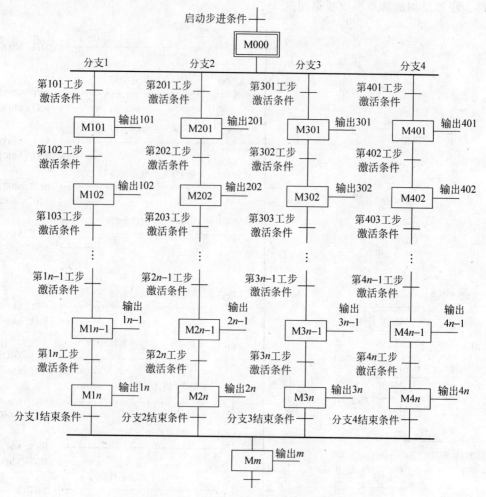

图 3.32　单选序列结构的流程图模板

单选序列结构的梯形图模板见图 3.33。

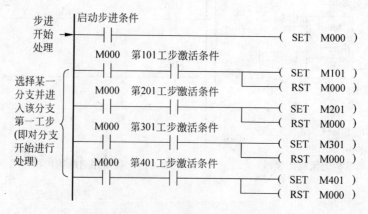

图 3.33　单选序列结构的梯形图模板

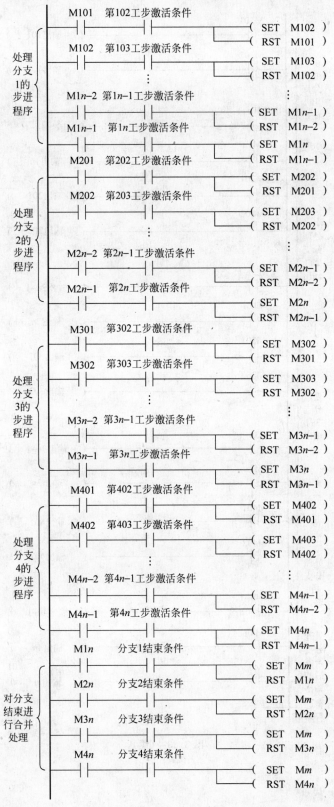

图 3.33 （续）

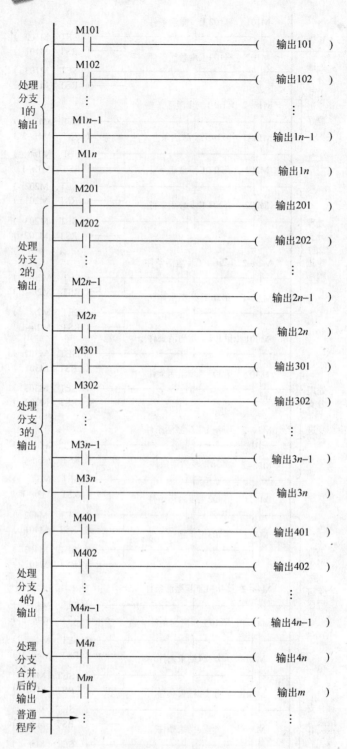

图 3.33 （续）

7．全选序列结构

全选序列结构的流程图模板见图 3.34。

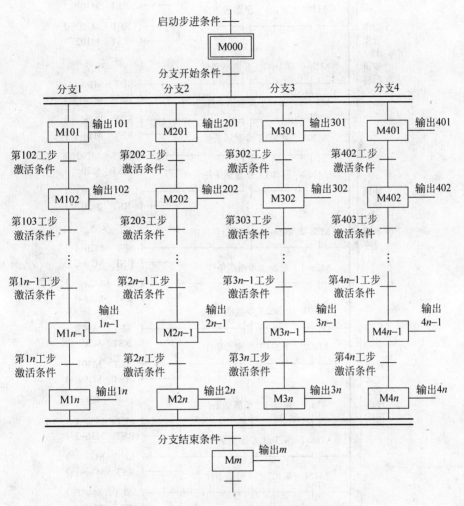

图 3.34　全选序列结构的流程图模板

全选序列结构的梯形图模板见图 3.35。

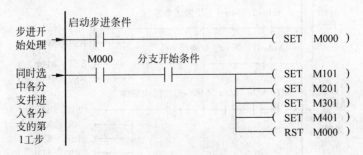

图 3.35　全选序列结构的梯形图模板

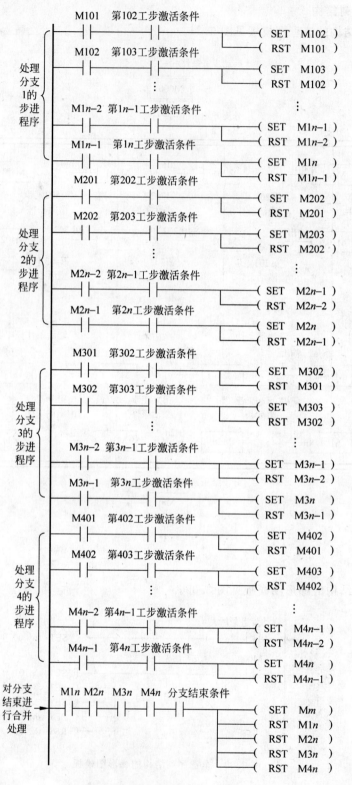

图 3.35 （续）

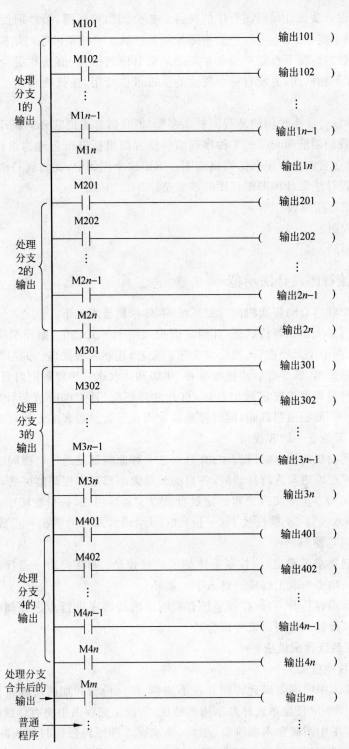

图 3.35 （续）

用流程图设计法设计梯形图程序的关键是要会画出流程图,虽然前面已介绍了7种流程图模板,但是事实上,工业生产中的实际控制系统属于单纯某种序列结构的情况是很少很少的。绝大多数的情况下都是一些非常复杂的混合序列结构,而这些混合序列结构形式又是多种多样、互不相同的,更没有一个现成的模板可供套用,这就给画流程图工作带来了很大的困难。

然而,尽管混合序列结构的流程图复杂多变,但我们总能把它分解成几种单纯的序列结构,换句话说,我们用前面介绍的7种序列结构流程图模板进行合理的组合,就能够拼装出多种多样、复杂多变的混合序列结构流程图。下面这个实例中,我们就是这样做的。

用流程图设计法设计梯形图程序的步骤是:

(1) 拼装流程图模板。

(2) 画流程图。

(3) 画梯形图。

3.6.2　流程图设计法示范

试设计一个咖啡自动售卖机的控制系统,具体控制要求如下。

接通电源后进入初始等待状态,此时,"请投入两个1元硬币"面板照明灯亮,投币口敞开,等顾客投入两个1元硬币后,投币口关闭。接着,让顾客根据自己的习惯选择不加糖、加一份糖还是加两份糖,糖加好后再把咖啡粉、牛奶和热水这三种原料同时自动地加入到冲调杯中。当这三种原料都按规定量加好后,打开冲调杯阀门,把咖啡放到饮料杯内,放完后,"请取走您的咖啡"面板照明灯亮,同时蜂鸣器发出提示音。顾客端走饮料杯后,系统返回到初始等待状态,等待下一顾客投币。

咖啡自动售卖机的糖、咖啡粉、牛奶、热水这4种原料都是通过电磁阀进行投放的,冲调好的咖啡也是通过电磁阀进行排放的,各自的流量大小都是事先调整好的,因此现在只能通过控制放料时间的方法来实现原料的定量投放。实验后得知,一份咖啡中,咖啡粉投放1s、牛奶投放1s、热水投放3s、糖投放1s(一份)或2s(两份),即可冲调出一份优质的咖啡,一份咖啡完全排放完需要5s。

从上述控制要求可看出,该控制系统的工艺过程是:等待投币→选择加糖量→加糖→同步加料→放出咖啡→取走咖啡→进入下一循环。

从工艺过程很容易看出,该控制系统有着明显的按顺序进行步进控制的特征,因此,用流程图设计法来设计该控制系统特别合适。

第一步:拼装流程图模板。

1. 试搭流程图框架

(1) 控制要求中明确要求允许顾客在不加糖、加一份糖和加两份糖这3种加糖量中单选一种,显然这个要求符合单选序列结构的特征,所以该流程图中应有单选序列结构。

(2) 控制要求中明确要求咖啡粉、牛奶、热水这3种原料要同时加入冲调杯中,并且要求这3种原料都加好后才能放出咖啡,显然这个要求符合全选序列结构的特征,所以该流程图中应有全选序列结构。

(3) 控制要求中明确要求饮料杯端走后系统返回到初始等待状态,显然这个要求符合全循环序列结构的特征,所以该流程图中应有全循环序列结构。

通过这样的分析,我们拟定出咖啡自动售卖机控制系统的流程图是一个以全循环序列结构为主结构、循环结构中插有单选序列结构和全选序列结构的混合序列结构流程图,试搭出的流程图框架如图3.36所示。

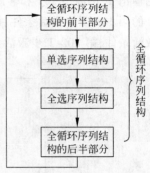

图3.36 试搭出的流程图框架

2. 试画流程图模板

把图3.32所示的单选结构流程图模板和图3.34所示的全选序列结构流程图模板插入到图3.26所示的全循环序列结构流程图模板中,具体操作如下。

(1) 依据工艺流程,加糖是第3道工艺,所以应把单选序列结构流程图模板插在图3.26的M002这一步,即用单选序列结构流程图模板代替M002这一工步。

依据控制要求,加糖工艺仅有3种——即不加、加一份和加两份,换句话说,这里只有3种选择,所以,单选序列结构流程图模板中只需分支1、分支2和分支3这3个分支即可。

加糖工艺并不复杂,一个工步就能完成了,因此,单选序列结构流程图模板中,分支1只需M101这一工步、分支2只需M201这一工步、分支3只需M301这一工步即可。

另外,单选序列结构流程图模板中的M000和Mm可以由全循环序列结构流程图模板中的M001和M003来取代。

(2) 依据工艺流程,加咖啡粉、牛奶、热水这3种原料是第4道工艺,所以应把全选序列结构流程图模板插在图3.26的M003这一工步。但M003这一工步刚才已被占用,所以,只能插在图3.26的M004这一工步了,即用全选序列结构流程图模板代替M004这一工步。

依据控制要求,同步加料工艺仅有3种原料——即咖啡粉、牛奶和热水,换句话说,这里只有3条分支,所以,全选序列结构流程图模板中只需分支1、分支2和分支3这3个分支即可。

同步加料工艺也不复杂,一个工步即可完成,因此,全选序列结构流程图模板中,分支1只需M101这一工步、分支2只需M201这一工步、分支3只需M301这一工步即可。

另外,全选序列结构流程图模板中的M000和Mm可以由全循环序列结构流程图模板中的M003和M005来取代。

(3) 依据工艺流程,同步加料工艺后面再有放出咖啡和取走咖啡这两道工艺便转入下一循环了,因此,图3.26所示的全循环序列结构流程图模板中,到M006这一工步便应转入下一循环,即再次进入M000这一工步了,显然,图3.26中的M007~Mn这些工步在这里就应取消了。

通过这样的拼装,咖啡自动售卖机控制系统的流程图模板就试画出来了,如图3.37所示。

3. 完善流程图模板

图3.37所示的流程图模板中,存在着2个M101工步、2个M201工步、2个M301工步,还存在着2个输出101、2个输出201、2个输出301,这很容易造成思绪上的混乱,因此有待进一步完善。

(1) 由于单选序列结构流程图模板在图3.37中处于第002工步,因此,我们可以把单选序列部分的 M101、M201 和 M301 更改成 M201、M202 和 M203；相应地把单选序列部分的输出 101、输出 201 和输出 301 更改成输出 201、输出 202 和输出 203；同时把单选序列部分的第 101 工步激活条件、第 201 工步激活条件和第 301 工步激活条件更改成第 201 工步激活条件、第 202 工步激活条件和第 203 工步激活条件。

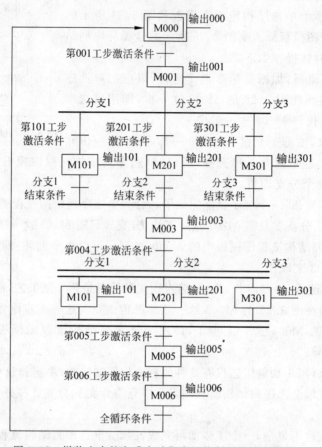

图 3.37   拼装出来的咖啡自动售卖机控制系统流程图模板

（2）由于全选序列结构流程图模板在图 3.37 中处于第 004 工步，因此，我们把全选序列部分的 M101、M201 和 M301 更改成 M401、M402 和 M403，相应地把全选序列部分的输出 101、输出 201 和输出 301 更改成输出 401、输出 402 和输出 403。

经过完善，咖啡自动售卖机控制系统流程图模板便完全画好了，参见图 3.38。

第二步：画流程图。

基于流程图模板，画流程图就比较方便了。

1. 明确各个输出的内容

所谓输出的内容，就是该输出所应完成的工作任务。根据控制要求，得出各个输出的工作任务如下。

输出 000——①"请投入两个 1 元硬币"面板照明灯亮；②投币门电磁铁得电；③计数器通过光电开关对投币数量计数。

输出 001——①"请选择加糖"面板照明灯亮；②复位计数器。

输出 201——选择不加糖,故无任务。

输出 202——①加糖电磁阀得电;②加糖定时器 1 定时 1s(加一份糖)。

输出 203——①加糖电磁阀得电;②加糖定时器 2 定时 2s(加两份糖)。

输出 003——此步仅作为转换步,故无任务。

输出 401——①加咖啡粉电磁阀得电;②加咖啡粉定时器定时 1s。

输出 402——①加牛奶电磁阀得电;②加牛奶定时器定时 1s。

输出 403——①加热水电磁阀得电;②加热水定时器定时 3s。

输出 005——①放咖啡电磁阀得电;②放咖啡定时器定时 5s。

输出 006——①"请取走您的咖啡"面板照明灯亮;②蜂鸣器得电。

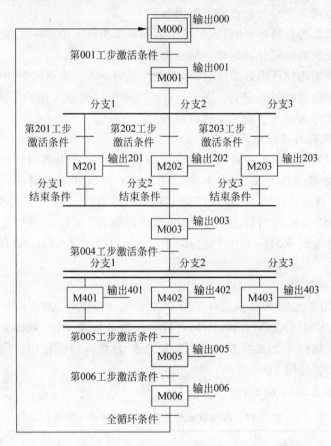

图 3.38 完善后的咖啡自动售卖机控制系统流程图模板

2. 确定各工步的激活条件

结合控制要求分析各个输出的工作任务,可以得出:

只有计数器计到设置的规定值 2 时,才允许从初始工步转入第 001 工步,因此转入第 001 工步的激活条件是计数器的动合触点闭合。

只有对加糖量进行了选择后,才允许从第 001 工步转入第 201 工步、第 202 工步和第 203 工步这 3 个工步中的某一个工步,因此,转入第 201 工步的激活条件是不加糖选择开关的动合触点闭合、转入第 202 工步的激活条件是加一份糖选择开关的动合触点闭合、转入第

203 工步的激活条件是加两份糖选择开关的动合触点闭合。

只有加糖完成后,才允许从第 201 工步、第 202 工步和第 203 工步这 3 个工步中的某一个工步转入第 003 工步,因此,分支 1 结束条件是不加糖选择开关的动断触点闭合、分支 2 结束条件是加糖定时器 1 的动合触点闭合、分支 3 结束条件是加糖定时器 2 的动合触点闭合。

第 003 工步仅是一个转换步,可利用其自身动合触点作为转入下一工步的激活条件,因此转入第 004 工步的激活条件是表示第 003 工步的中间存储器的动合触点闭合。

只有咖啡粉、牛奶、热水都投放完成后,才允许从第 004 工步转入第 005 工步,因此转入第 005 工步的激活条件是加咖啡粉定时器的动合触点、加牛奶定时器的动合触点和加热水定时器的动合触点这 3 个动合触点都已经闭合。

只有咖啡全部放进饮料杯里时,才允许从第 005 工步转入第 006 工步,因此转入第 006 工步的激活条件是放咖啡定时器的动合触点闭合。

只有饮料杯被端走使压力开关闭合时,才允许从第 006 工步返回到初始工步,因此全循环条件是压力开关的动断触点闭合。另外,为了使开机后便进入初始工步,必须用 M8002 的动合触点闭合来作为进入初始工步的启动条件。

3. 确认主令电器和被控电器

从工作任务以及激活条件中可以知道该控制系统中,主令电器应该有 5 个——投币计数光电开关 GK,加糖选择开关 SB1(不加)、SB2(加一份)、SB3(加两份),饮料杯压力开关 SB4;被控电器应该有 10 个——投币门电磁铁 YA,"请投入两个 1 元硬币"面板照明灯 HL1,"请选择加糖"面板照明灯 HL2,"请取走您的咖啡"面板照明灯 HL3,加糖电磁阀 KM1,加咖啡粉电磁阀 KM2,加牛奶电磁阀 KM3,加热水电磁阀 KM4,放咖啡电磁阀 KM5,蜂鸣器 HA。

4. 分配 PLC 存储器

把 GK、SB1、SB2、SB3、SB4 依次分配给 PLC 的输入存储器 X000~X004,把 YA、HL1、HL2、HL3、KM1、KM2、KM3、KM4、KM5、HA 依次分配给 PLC 的输出存储器 Y000~Y009,控制加糖 1、加糖 2、加咖啡粉、加牛奶、加热水、放咖啡时间使用的定时器则依次使用 T001~T006,计数器使用 C000。

分配的结果如表 3.11 所示。

表 3.11　咖啡自动售卖机 PLC 存储器分配表

名　　称	代号	PLC 中存储器
投币计数器光电开关	GK	X000
加糖选择开关(不加)	SB1	X001
加糖选择开关(加一份)	SB2	X002
加糖选择开关(加两份)	SB3	X003
饮料杯压力开关	SB4	X004
投币门电磁铁	YA	Y000
"请投入两个 1 元硬币"照明灯	HL1	Y001
"请选择加糖"照明灯	HL2	Y002
"请取走您的咖啡"照明灯	HL3	Y003

续表

名　　称	代号	PLC 中存储器
加糖电磁阀	KM1	Y004
加咖啡粉电磁阀	KM2	Y005
加牛奶电磁阀	KM3	Y006
加热水电磁阀	KM4	Y007
放咖啡电磁阀	KM5	Y008
蜂鸣器	HA	Y009
加糖定时器 1		T001
加糖定时器 2		T002
加咖啡粉定时器		T003
加牛奶定时器		T004
加热水定时器		T005
放咖啡定时器		T006
投币计数器		C000

5．画流程图

（1）把各个输出的内容与表 3.11 中"PLC 中存储器"进行对照，然后把相应"PLC 中存储器"编号填到图 3.38 中相应的输出上。例如输出 001 下方填上 Y001、Y000 和由 X000 控制的 C000。

（2）把各个激活条件与表 3.11 中的"PLC 中存储器"进行对照，然后把相应"PLC 中存储器"编号填到图 3.38 中相应的激活条件上。例如第 005 工步激活条件右边填上 T003 · T004 · T005。

到此，咖啡自动售卖机控制系统的流程图便完全画好了，如图 3.39 所示。

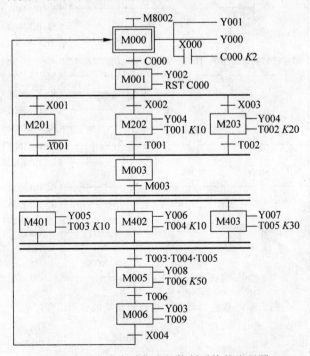

图 3.39　咖啡自动售卖机控制系统的流程图

第三步：画梯形图。

画出流程图后,把流程图转换成梯形图是比较简单的。

图 3.39 中,M000、M001、M003、M005、M006 这 5 个工步需按照图 3.27 所示的全循环序列结构梯形图模板来画梯形图；M201、M202、M203 这 3 个工步需按照图 3.33 所示的单选序列结构梯形图模板来画梯形图；M401、M402、M403 这 3 个工步需按照图 3.35 所示的全选序列结构梯形图模板来画梯形图。完整的咖啡自动售卖机控制系统的梯形图程序如图 3.40 所示。

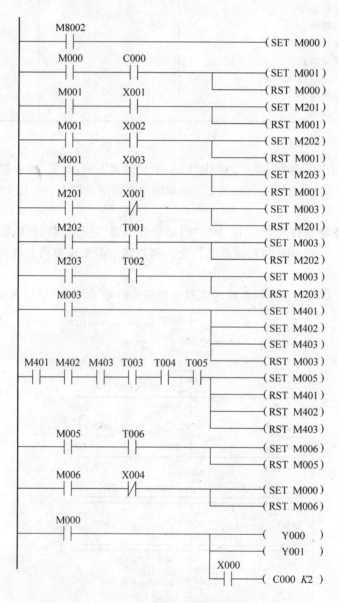

图 3.40　咖啡自动售卖机控制系统的梯形图程序

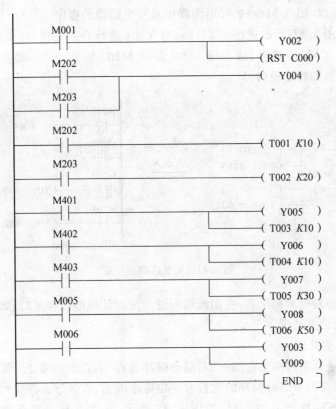

图 3.40　（续）

3.6.3　流程图设计法中相关问题的处理办法

1. 重复线圈的处理

流程图设计法把梯形图程序分成了步进控制和输出控制两部分来设计,由于是步进控制,某些输出会重复受到控制,这样在输出控制部分就会不可避免地出现重复线圈问题。

这里所说的"重复线圈",指的就是其他 PLC 书籍上所谓的"双线圈"。由于"双线圈"概念到底指的是"两个分开的相同编号的线圈"还是"两个并联的不同编号的线圈",让人无可适从,因此,本书中把"双线圈"改称为"重复线圈"。

在流程图设计法中出现重复线圈问题往往容易被人忽视,原因是有人会错误地认为步进控制中步与步之间的输出没有联系,只要这一步被激活,该步的受控对象就一定会被接通,可事实却并不是这样。

我们以图 3.39 为例来说明这个问题。

按照一般的思维方法来设计图 3.39 的梯形图,其中第 15 级和第 16 级阶梯一定如图 3.41(a)所示。由于 PLC 在用户程序执行阶段是按照从上到下的顺序对每一阶梯电路进行运算,假设这时是 M202 闭合 M203 断开,这样对第 15 级阶梯的运算结果是 Y004＝1,Y004 镜像寄存器被改写成为 1,接着对第 16 级阶梯进行运算,运算的结果是 Y004＝0,Y004 镜像寄存器又被改写成了 0。于是在 PLC 进入输出刷新阶段时,Y004 镜像寄存器是把状态 0 送给 Y004 输出存储器,Y004 是失电的,这就造成了 M202 闭合而 Y004 却不能得电的错误结果,所以,图3.41(a)的梯形图程序是一个错误的程序。

如果我们把图3.41(a)改成图3.41(b),对Y004进行合并处理,这个错误就不存在了,无论是M202闭合M203断开、或者是M202断开M203闭合,Y004都会被正确地得电接通。(图3.40即是如此处理的。)

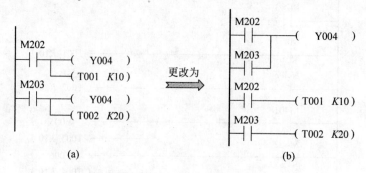

图3.41 重复线圈的处理

所以在这里特别提醒初学者,在用流程图设计法设计梯形图程序时,如果出现重复线圈问题,一定要进行合并处理。

2.循环次数的处理

在部分循环序列结构的流程图中,若部分循环条件一直满足,那么,部分循环将一直持续循环下去,如果我们对部分循环的次数有一定要求的话,那该怎么办呢?

当对部分循环的次数有要求时,如图3.42所示,首先在部分循环的最后一工步(即图3.42中的Mn-2工步)的输出上接入一个计数器C001(其K值×为要求的循环次数),利用Mn-2的通断作为C001的计数脉冲,然后在循环后的第一工步(即图3.42中的Mn-1工步)对该计数器进行复位,再把计数器的动断触点和部分循环条件相与,同时把计数器的动合触点和第n-1工步激活条件相与。当计数器未计到设置的K值×时,动断触点C001继续闭合,部分循环仍然进行,一旦计数器计到设置的K值×时,动断触点C001断开,部分循环停止,动合触点C001闭合,进入Mn-1工步,于是就达到了控制循环次数的目的。

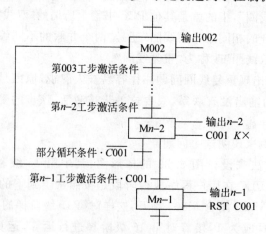

图3.42 循环次数的处理

3.7　梯形图程序的经验设计法

经验设计法一般只适合于那些控制功能比较简单的场合。

经验设计法,就是把别人或者是自己设计出的已经证明是成功的工业控制系统或生产中常用的典型控制环节程序段,凭自己的编程经验进行重新组合、修改和补充,应用到新的设计项目上。

下面通过两个实例,介绍一下经验设计法的基本过程。

1. 设计两台电动机关联控制器的梯形图程序

某两台电动机关联控制器的具体控制要求如下:当按下启动开关 SB1 时,电动机甲运转工作;电动机甲启动 10s 后,电动机乙运转工作;当按下停止开关 SB2 时,两台电动机均停止运转;若电动机甲过载,则两台电动机均停机;若电动机乙过载,则电动机乙停机,而电动机甲不停机。

第一步:确认主令电器和被控电器。

回顾过去的编程情况可以知道,电动机的启动与停止,一般都是通过接触器来控制的,而电动机的过载保护,一般都是使用过热保护继电器,因此,本控制系统的主令电器应该有4 个——电动机甲启动开关 SB1、总停止开关 SB2、电动机甲过热保护继电器触点 FR1、电动机乙过热保护继电器触点 FR2;本控制系统的被控电器应该有 2 个——电动机甲接触器线圈 KM1、电动机乙接触器线圈 KM2。

第二步:分配 PLC 存储器。

把 SB1、SB2、FR1、FR2 依次分配给 PLC 的输入存储器 X001、X002、X003、X004;把 KM1、KM2 依次分配给 PLC 的输出存储器 Y001、Y002;由于有一个延时启动要求,故还应使用一个通电延时型定时器 T000。

第三步:试画梯形图。

(1) 本控制系统有 Y001 和 Y002 两个输出,还有一个定时器 T000,同时考虑到电动机甲启动后定时器才开始定时,达到定时器定时时间,电动机乙才运转,故本梯形图应该有 3 级阶梯——第 1 级阶梯控制 Y001、第 2 级阶梯控制 T000、第 3 级阶梯控制 Y002。

(2) 电动机的启动与停止,可以直接套用典型的启-保-停电路程序段(参见图 5.10(a))。不过本例中要注意:Y001 的启动条件是 X001 闭合,Y002 的启动条件是 T000 闭合;而 T000 的控制条件是 Y001 闭合,定时值 $K=10s \div 0.1s = 100$,如图 3.43 所示。

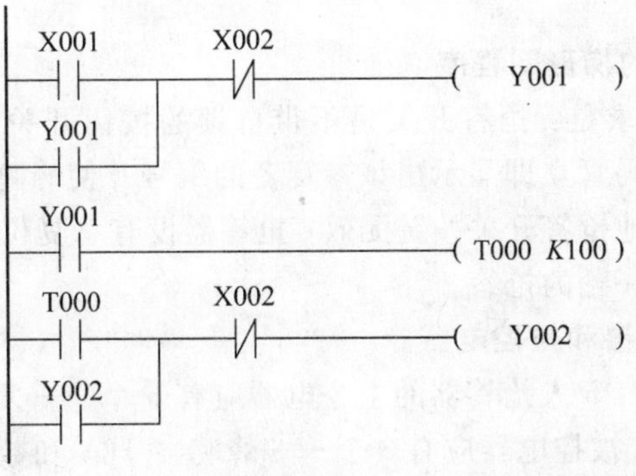

图 3.43　套用典型的启-保-停电路程序段

（3）要求中规定若电动机甲过载，则两台电动机均应停机，故应把 X003 分别串接在 Y001 和 Y002 的控制电路中，如图 3.44 所示。

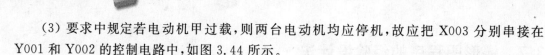

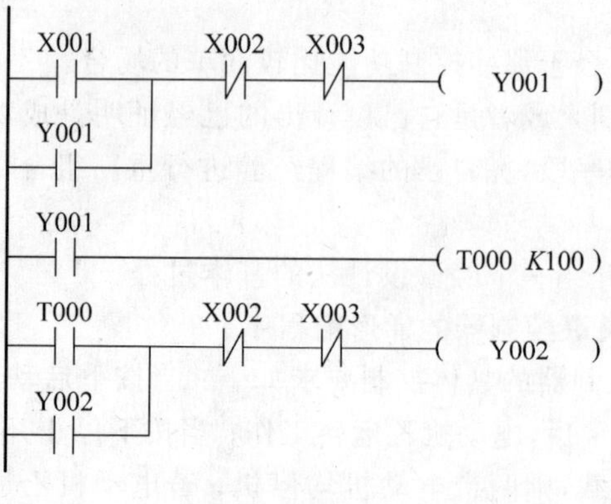

图 3.44 解决电动机甲过载保护问题

（4）要求中规定若电动机乙过载，则电动机乙停机而电动机甲不停机，故 X004 只应串接在 Y002 的控制电路中，如图 3.45 所示。

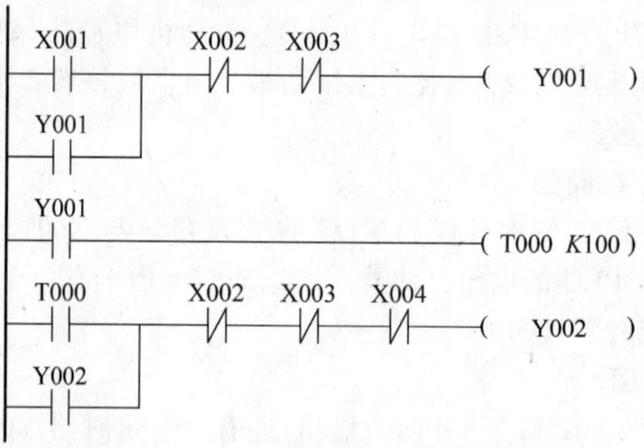

图 3.45 解决电动机乙过载保护问题

第四步：完善梯形图。

根据梯形图编制规则，应该在主程序的最后加上 END 指令符号。

到此，两台电动机关联控制器的 PLC 梯形图程序就编写完成了。完整的梯形图程序见图 3.46。

2. 设计 5 人抢答器的梯形图程序

5 人抢答器的控制要求是：抢答开关是不带自锁的按钮开关，当任一参赛者抢先按下其面前的抢答开关时，数码管立即显示出该参赛者的编号并使蜂鸣器发出提示音，同时联锁其他 4 路抢答开关，使其他抢答开关按键无效；抢答器设有总复位开关，只有提问者按一下复位开关后，才能进行下一轮的抢答。

第一步：确认主令电器和被控电器。

分析控制要求后可知：5 人抢答器的主令电器应有 6 个——复位开关 SB0 和抢答开关 SB1、SB2、SB3、SB4、SB5；被控电器应有 8 个——蜂鸣器 HA 和数码管的笔画段 a、b、c、d、e、f、g。

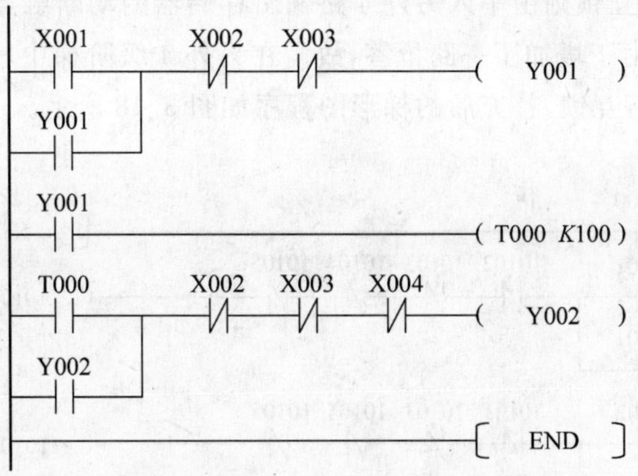

图 3.46 两台电动机关联控制器的 PLC 梯形图程序

第二步：分配 PLC 存储器。

把 SB0、SB1、SB2、SB3、SB4、SB5 依次分配给 PLC 的输入存储器 00000、00001、00002、00003、00004、00005；把 HA、a、b、c、d、e、f、g 依次分配给 PLC 的输出存储器 10000、10001、10002、10003、10004、10005、10006、10007。

第三步：试画梯形图。

对于抢答器，有别人设计好的成功程序如图 3.47 所示，可拿来使用。但分析这个梯形图程序，发现有些地方不太符合设计要求，故需对其进行修改和补充。

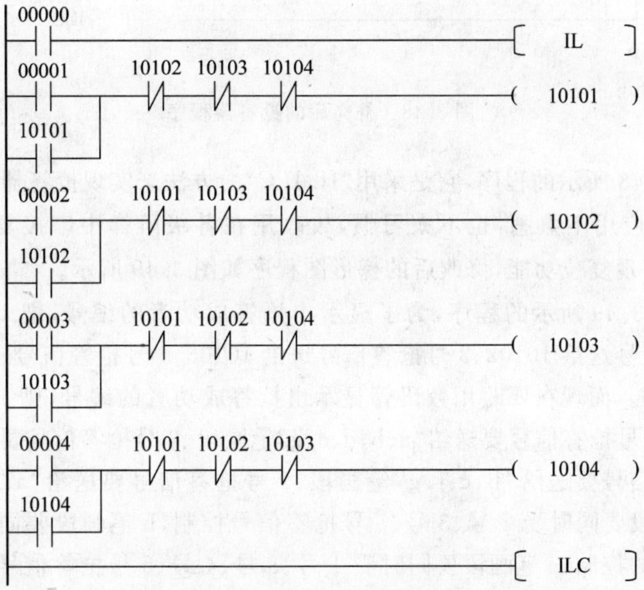

图 3.47 一种抢答器程序

① 首先看图 3.47 所示的程序，它只能实现 4 路抢答，对于 5 路抢答器，必须再增加一级阶梯。新增加的一级阶梯中，抢答由动合触点 00005 控制，自锁由动合触点 10105 与动合

触点 00005 并联实现,互锁则由串入另外 4 路输出存储器的动断触点 10101、10102、10103、10104 来实现;另外,由于增加了一路抢答,故需在另外 4 级阶梯中串入第 5 路输出存储器的动断触点 10105 进行互锁,补充后的梯形图程序如图 3.48 所示。

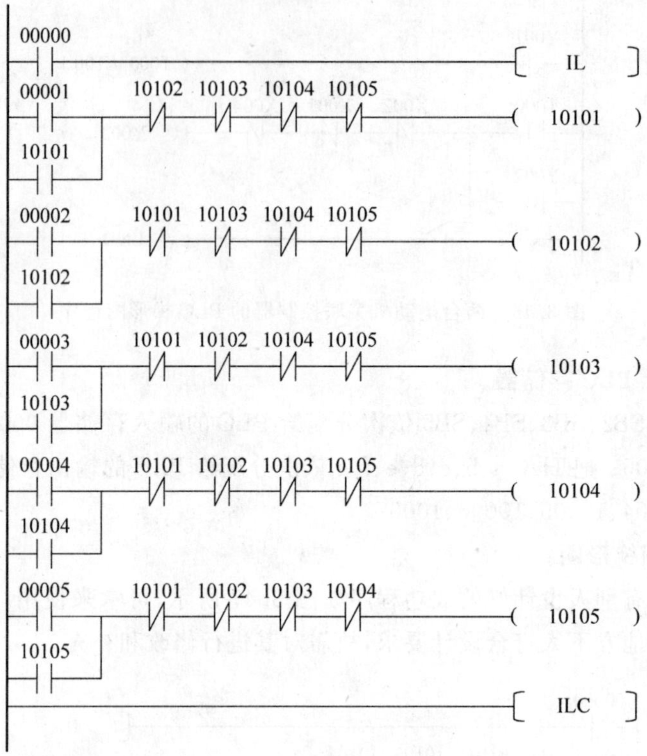

图 3.48　补充后的抢答器程序

② 再看图 3.48 所示的程序,它是采用"IL-ILC"的方法来实现抢答器的复位功能的,对于这种控制方法,应用不熟悉,也不太习惯,故改用在各级阶梯中串接复位开关动断触点 00000 的方法来实现复位功能,修改后的梯形图程序如图 3.49 所示。

③ 最后看图 3.49 所示的程序,为了显示出抢答成功者的编号,把 1 号抢答信号送给 10101、2 号抢答信号送给 10102、3 号抢答信号送给 10103、4 号抢答信号送给 10104、5 号抢答信号送给 10105。而现在要改用数码管显示出抢答成功者的编号,则 1 号抢答信号要送给"b、c"笔画段、2 号抢答信号要送给"a、b、d、e、g"笔画段、3 号抢答信号要送给"a、b、c、d、g"笔画段、4 号抢答信号要送给"b、c、f、g"笔画段、5 号抢答信号要送给"a、c、d、f、g"笔画段。不难看出,a 笔画段要同时受 2 号、3 号、5 号抢答信号控制,b 笔画段要同时受 1 号、2 号、3 号、4 号抢答信号的控制,c 笔画段要同时受 1 号、3 号、4 号、5 号抢答信号的控制,d 笔画段要同时受 2 号、3 号、5 号抢答信号的控制,e 笔画段只受 2 号抢答信号的控制,f 笔画段要同时受 4 号、5 号抢答信号的控制,g 笔画段要同时受 2 号、3 号、4 号、5 号抢答信号的控制。如果我们把 1～5 号抢答信号不再送给 10101～10105,而是把 1～5 号抢答信号先送给 01601～01605 这 5 个中间存储器,然后用这 5 个中间存储器的动合触点(代表着 1～5 号抢答信号)按各笔画段的受控要求进行组合后作为控制条件,去分别控制 a～g 这 7 个笔画段,

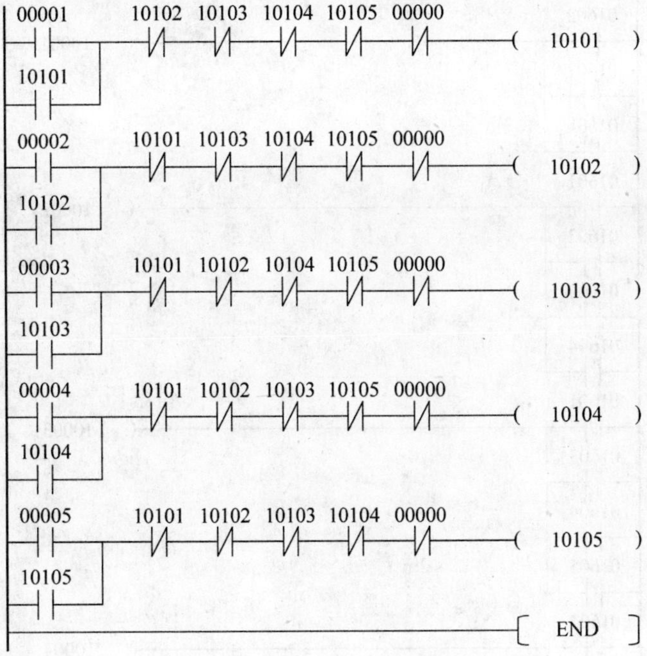

图 3.49 修改后的抢答器程序

就可以正确地显示出抢答成功者的编号了。按此思路画出的 5 人抢答器的梯形图程序如图 3.50 所示。

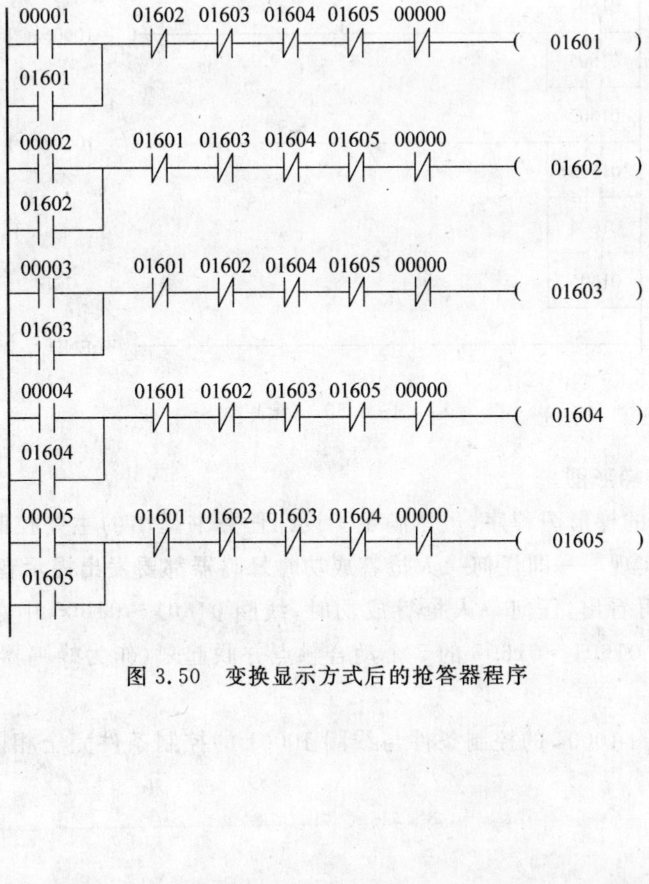

图 3.50 变换显示方式后的抢答器程序

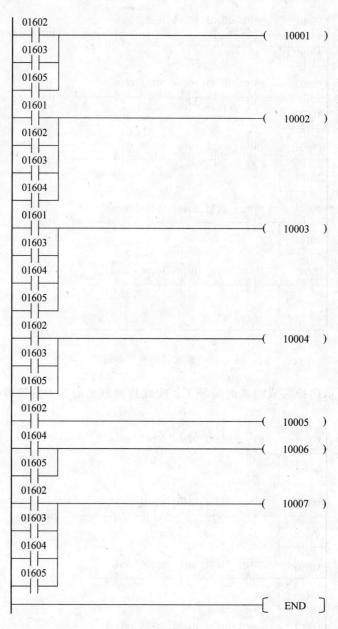

图 3.50 （续）

第四步：完善梯形图。

图 3.50 所示的梯形图程序，虽然满足了设计任务书提出的主要控制要求，但还有一个控制要求没有实现——即任何一人抢答成功时蜂鸣器都要发出提示音。这个问题比较简单，从图 3.50 可看出，任何一人抢答成功时，线圈 01601~01605 中总有一个得电，因此，我们可把线圈 01601~01605 的 5 个动合触点并联起来，作为蜂鸣器线圈的控制条件即可。

另外，由于线圈 10004 的控制条件与线圈 10001 的控制条件完全相同，因此可把线圈

10004 直接并联到线圈 10001 上。

至此,5 人抢答器控制系统的梯形图程序设计完成,最终得到的完整的梯形图程序见图 3.51。

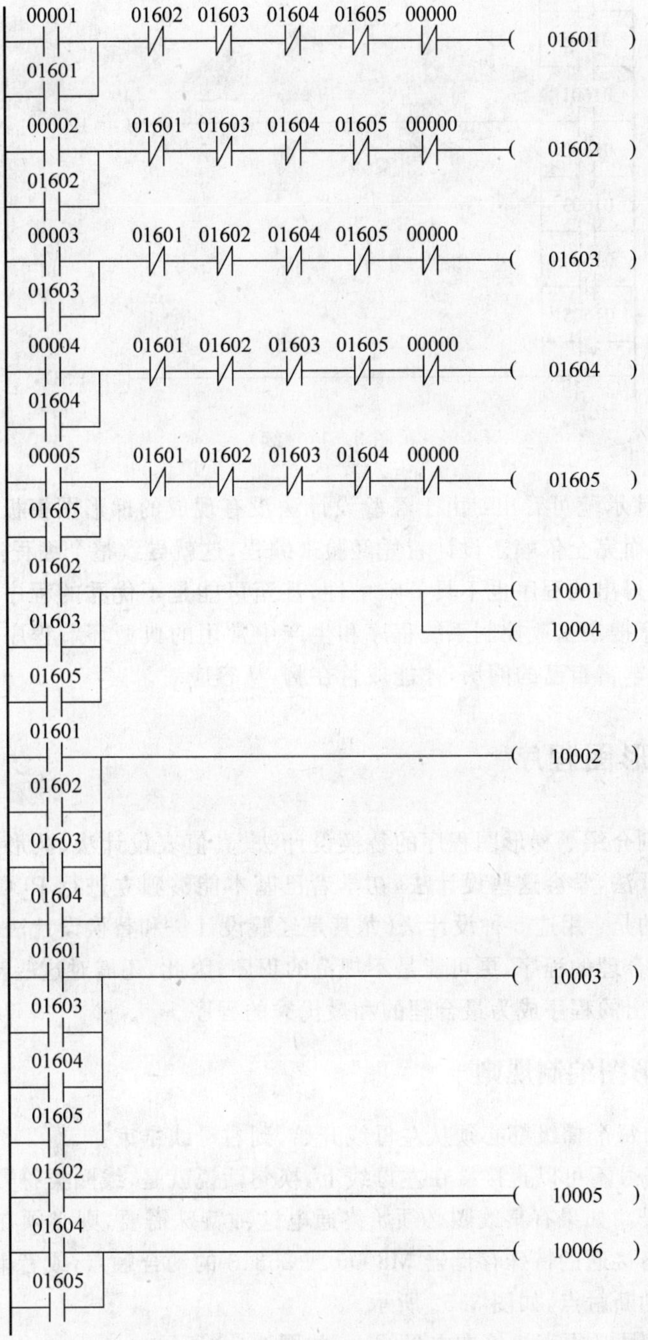

图 3.51　5 人抢答器控制系统的梯形图程序

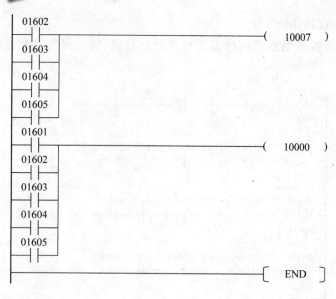

图 3.51　（续）

　　从这两个设计示范可看出：由于经验设计法没有现成的梯形图模板可供套用，更没有普遍的规律可循，而完全依赖于设计者凭经验来编程，这就导致整个编程过程具有相当的试探性和随意性，且得出的程序也不具备唯一性，甚至可能是不优秀的程序。所以，设计者在平时工作中应注意搜集工业控制系统程序和生产中常用的典型环节程序段，同时注意积累自己的编程经验，丰富自己的阅历，才能成竹在胸，从容应对。

3.8　优化梯形图程序

　　前面 5 节分别介绍了梯形图程序的替换设计法、真值表设计法、波形图设计法、流程图设计法和经验设计法，学会这些设计法，初学者已基本能够独立进行 PLC 的软件设计工作了。但值得提醒的是：用这 5 种设计法（尤其是经验设计法和替换设计法）设计出来的梯形图程序，不一定是合理的程序，更可能是不规范的程序，因此，还需对这些初步程序进行优化工作，力图使设计出的程序成为最合理的和最优秀的程序。

3.8.1　梯形图编制规则

　　(1) 梯形图的每个梯级都必须从左母线开始，到右母线结束。
　　(2) 线圈类符号不可以直接接在左母线上，换句话说就是，线圈类符号与左母线之间必须接有触点类符号。如果有某线圈必须始终通电这种特殊需要，则必须在该线圈与左母线之间串接一个始终接通的特殊存储器 M8000 或 25313 的动合触点，或者串接一个未被使用的中间存储器的动断触点，如图 3.52 所示。
　　(3) 指令类符号必须直接接在左母线上，如图 3.53 所示。
　　(4) 右母线不允许与触点类符号相连接，换句话说，右母线只允许与线圈类符号或指令类符号连接，如图 3.54 所示。
　　(5) 梯形图中不允许出现输入存储器的线圈符号，也不允许出现特殊存储器的线圈符号。

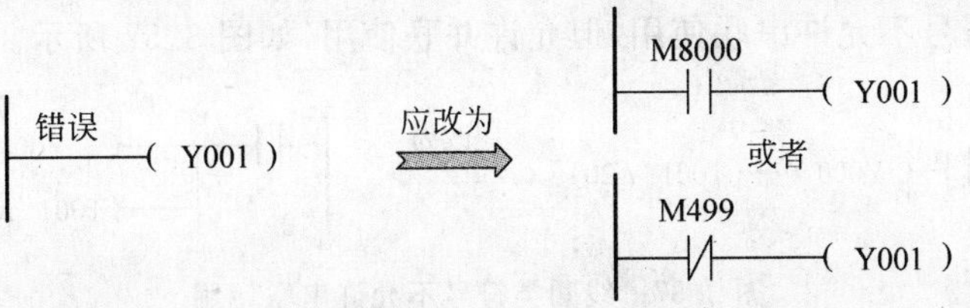

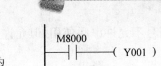

图 3.52 线圈类符号不可以直接接在左母线上

图 3.53 指令类符号必须直接接在左母线上

（6）在同一梯形图中，同一个编号的线圈符号不允许重复使用，如图 3.55 所示。

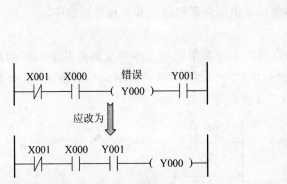

图 3.54 右母线不允许与触点类符号相连接

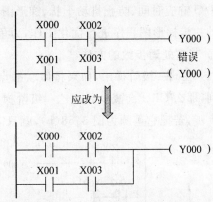

图 3.55 同一个编号的线圈符号不允许重复使用

（7）不允许出现桥式结构的梯形图，如图 3.56 所示。

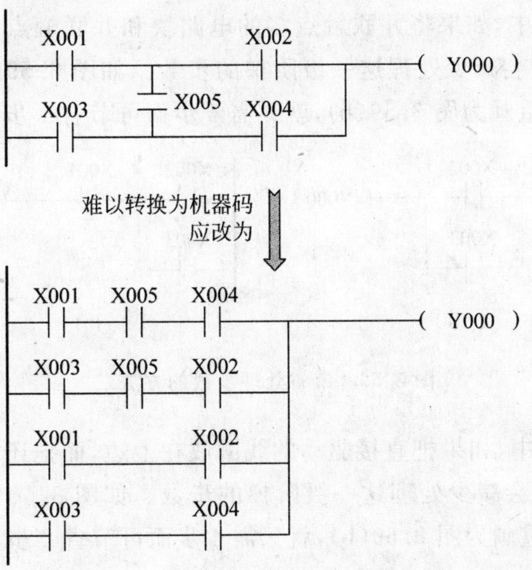

图 3.56 不允许出现桥式结构的梯形图

（8）线圈类符号不允许串联使用，但允许并联使用，如图 3.57 所示。

图 3.57 线圈类符号不允许串联使用

（9）无论哪种存储器，其触点符号的使用次数都不受限制，并且其动合触点和动断触点都可反复使用，因此，不必为了节省触点的使用次数而去采用复杂的程序结构。

（10）梯形图的最后一个梯级，必须是主程序结束指令 END。

3.8.2 梯形图优化方法

有些梯形图程序，并不违反梯形图的编制规则，也不存在编程错误，但在节省处理步数、缩短 I/O 响应时间、防止抖动干扰、梯形图简化等方面，可能不太理想，因此，很有必要对设计出的初步梯形图程序进行优化工作，力争编制出最合理和最优秀的梯形图程序。

1. 节省处理步数的方法

（1）在同一级阶梯中，如果将串联触点多的支路和串联触点少的支路按从上到下的顺序排列，那么 CPU 会减少处理这一级阶梯的步数。如图 3.58(a) 所示的梯形图，CPU 处理时需 5 步，若把它重画为图 3.58(b)，就只需 4 步而可节省 1 步。

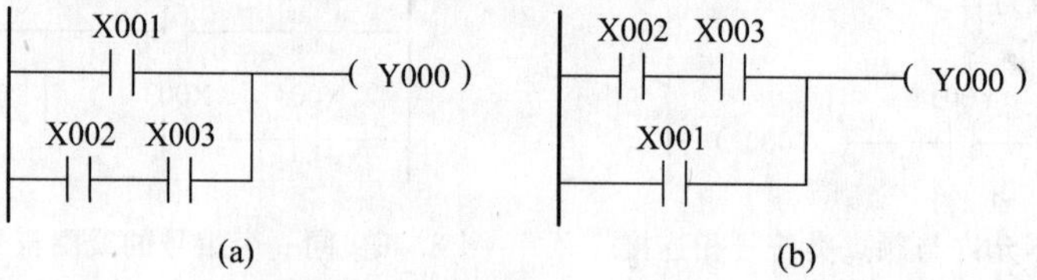

图 3.58 节省处理步数的方法一

（2）在同一级阶梯中，如果将并联触点多的电路块和并联触点少的电路块按从左到右的顺序排列，那么 CPU 会减少处理这一级阶梯的步数。如图 3.59(a) 所示的梯形图，CPU 处理时需 5 步，若把它重画为图 3.59(b)，就只需 4 步而可节省 1 步。

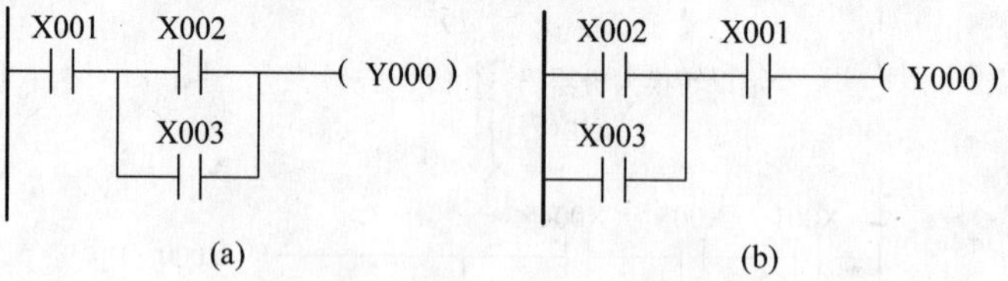

图 3.59 节省处理步数的方法二

（3）在同一级阶梯中，如果把直接驱动的线圈放在上边，而把还需其他触点驱动的线圈放在下边，那么 CPU 也会减少处理这一级阶梯的步数。如图 3.60(a) 所示的梯形图，CPU 处理时需 6 步，若把它重画为图 3.60(b)，就只需 4 步而可节省 2 步。

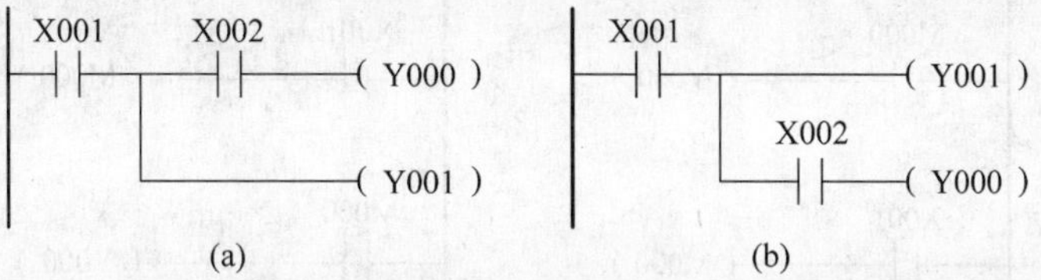

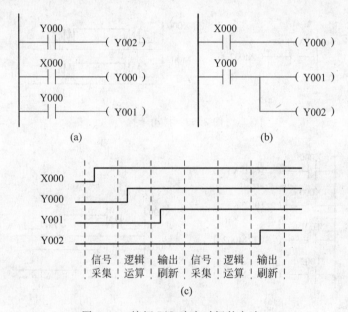

图 3.60　节省处理步数的方法三

2. 缩短 I/O 响应时间的方法

由于 PLC 在用户程序处理阶段,是按照信号采集、逻辑运算、输出刷新这三个过程循环进行的,同时前一梯级的运算结果又可作为下一梯级的运算对象参与下一梯级的运算,因此,当程序的梯级顺序安排不当时,输出响应输入的时间会被延长。图 3.61(a)所示的梯形图中,线圈 Y002 和 Y001 虽然都受同一个触点 Y000 控制,但线圈 Y002 却要比 Y001 延迟一个循环周期才得电,如图 3.61(c)所示;如果把图 3.61(a)重画为图 3.61(b),线圈 Y002 和线圈 Y001 即可同时得电。

图 3.61　缩短 I/O 响应时间的方法一

同样在图 3.62(a)所示的梯形图中,触点 X001 闭合后,线圈 Y000 却不能在本循环周期内得电,而要等到下一循环周期才能得电,如图 3.62(c)所示。如果把图 3.62(a)重画为图 3.62(b),线圈 Y000 即可在本循环周期内得电。

3. 防止抖动干扰的方法

主令电器的触点在闭合和断开的瞬间常会产生抖动,这样在一些高速系统中就会引起被控电器产生振荡(即快速地接通与断开),如图 3.63(a)(b)所示。解决这个问题的办法是把图 3.63(a)改为图 3.64(a),使主令电器的触点 X000 闭合 0.5s 后被控电器 Y000 才得电,而使主令电器的触点 X000 断开 0.5s 后被控电器 Y000 才失电,这样就可避免被控电器产生振荡。

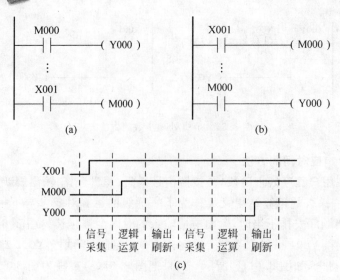

图 3.62 缩短 I/O 响应时间的方法二

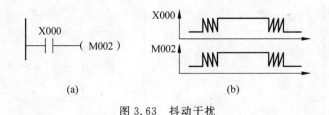

图 3.63 抖动干扰

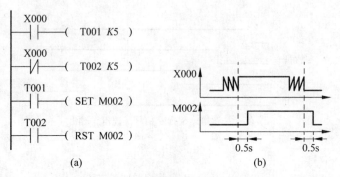

图 3.64 防止抖动干扰的方法

4．梯形图化简方法

图 3.65(a)所示的梯形图,结构比较复杂,编译软件对它也很难处理,但如果把图 3.65(a)转换成图 3.65(b),则不仅使结构变得比较简单,而且也便于编译软件的处理。

虽然梯形图中对串联触点数量和并联触点数量没有限制,但在使用编译软件绘制梯形图程序时,或者在打印梯形图程序时,会因尺寸的原因而给绘制工作和打印工作带来不便,因此,在实际的梯形图程序中,往往规定水平方向不超过 11 个串联触点,垂直方向不超过 7 个并联触点。据此规定,我们可采用如图 3.66(b)所示的思路来解决并联触点过多的问题,可采用如图 3.66(c)所示的思路来解决串联触点过多的问题,经过这样的处理后,图 3.66(a)所示的梯形图就可转换成图 3.66(d)所示的梯形图了。

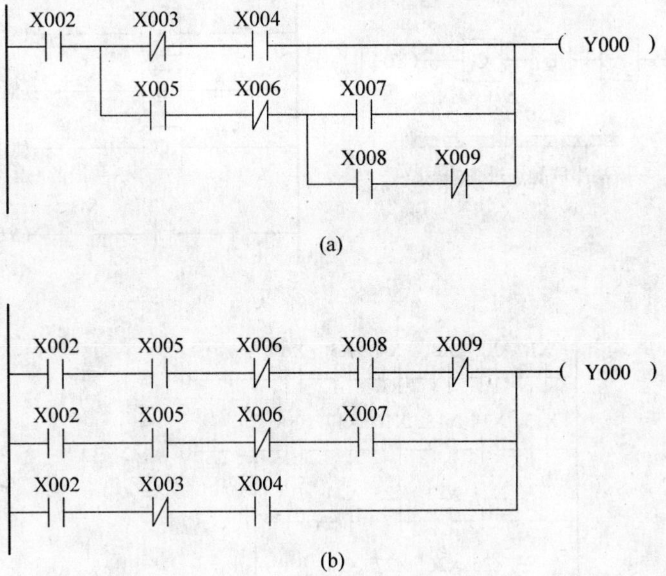

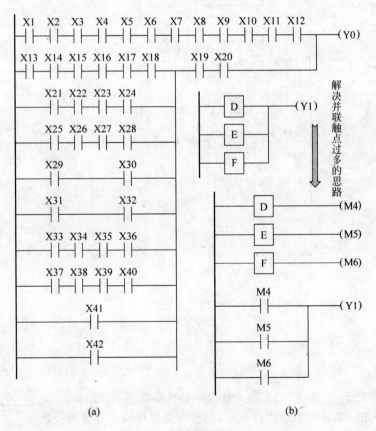

(a)

(b)

图 3.65 梯形图化简方法一

(a)

解决并联触点过多的思路

(b)

图 3.66 梯形图化简方法二

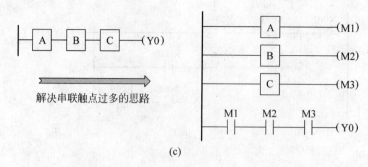

（c）

（d）

图 3.66 （续）

习题 3

1. 存储器处于_____状态称为该存储器线圈得电,存储器处于_____状态称为该存储器线圈失电。当存储器线圈得电时,与该存储器相同编号的动合触点_____、动断触点_____;当存储器线圈失电时,与该存储器相同编号的动合触点_____、动断触点_____。

2. 普通定时器定时值为_____,精细定时器定时值为_____。

3. _____,都是用来代替传统继电接触器控制电路图中的图形符号的,即用_____符号代替主令电器及被控电器的常开触点符号、用_____符号代替主令电器及被控电器的常闭触点符号、用_____符号代替被控电器的线圈符号。

4. 软件设计工作具体指的是什么工作?

5. 什么叫PLC用户程序?用户程序的作用是什么?

6. 什么叫一个梯级?

7. 定时器线圈什么时候开始得电?计数器线圈什么时候开始得电?

8. 简述梯形图的编制规则。

9. 节省处理步数的方法有哪几种?

10. 试用替换设计法设计出图3.67所示的某电动机控制系统中控制电路的梯形图程序。

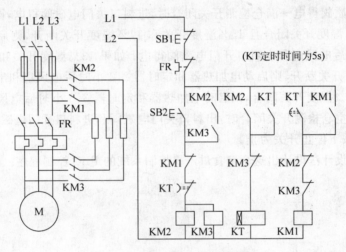

图3.67　某电动机的控制系统

11. 试用真值表设计法设计一个地下送风机监视装置的PLC控制程序,具体控制要求如下:该地下通风系统共装有3台送风机,当有2台及2台以上送风机在运转时,绿灯亮;当只有1台送风机在运转时,黄灯亮;当3台送风机都不运转时,红灯亮且报警器得电发出报警声。

12. 试用波形图设计法设计一个十字路口交通信号灯控制装置的PLC控制程序,具体控制要求如下:按下启动开关,首先是南北方向红灯亮30s,在此期间,先是东西方向绿灯亮25s,后变成东西方向绿灯闪烁3s、再变成东西方向黄灯亮2s;然后切换成东西方向红灯亮30s,在此期间,先是南北方向绿灯亮25s、后变成南北方向绿灯闪烁3s、再变成南北方向黄灯亮2s;按此规律往复循环。

(提示:在使绿灯闪烁3s的这一支路中串入一个动合触点M8013或串入一个动合触点25502,即可使绿灯产生闪烁。)

13. 某汽车清洗机控制系统的控制过程如下:按一下启动开关后,清洗机电动机正转带动清洗机前进;当车辆检测器检测到有汽车时,检测器开关闭合,此时喷淋器电磁阀得电,打开阀门淋水,同时刷子电动机运转进行清洗;当清洗机前进到终点使终点限位开关闭合时,喷淋器电磁阀和刷子电动机均断电,清洗机电动机则反转带动清洗机后退;当清洗机后退到原点使原点限位开关闭合时,清洗机电动机停止运转,等待下一次启动。

试分别用流程图设计法和经验设计法来设计该汽车清洗机控制系统的 PLC 控制程序。

14. 试用经验设计法设计一种五地控制一个负载的 PLC 控制程序。

15. 试用真值表设计法设计一个 5 人表决器的 PLC 控制程序,具体控制要求如下:按一下复位开关后,当有 2 个或 2 个以下表决开关被按下时,红灯亮;当有 3 个或 4 个表决开关被按下时,绿灯亮;当 5 个表决开关全部被按下时,蜂鸣器奏乐且彩带机得电射出彩纸。

16. 某步进电动机有 A、B、C、D 共 4 组绕组,按下启动开关后,要求通电顺序为:A 组 1s→A 组加 B 组 0.5s→B 组 1s→B 组加 C 组 0.5s→C 组 1s→C 组加 D 组 0.5s→ D 组 1s→D 组加 A 组 0.5s→再从头开始循环,直到按下停止开关为止。

试用波形图设计法和流程图设计法设计出用 PLC 控制该系统的梯形图程序。

17. 某粮食烘干机控制系统的具体控制要求如下:按下启动开关→出料口关门电磁阀和进料口开门电磁阀得电→满仓检测开关闭合时,进料口关门电磁阀得电,同时启动湿度检测仪→如果 13％湿度开关闭合且 15％湿度开关和 17％湿度开关断开,则启动电加热器和定时器 1,1 小时后电风扇和出料口开门电磁阀得电;如果 13％湿度开关和 15％湿度开关闭合且 17％湿度开关断开,则启动电加热器和定时器 2,2 小时后电风扇和出料口开门电磁阀得电;如果 17％湿度开关闭合,则启动电加热器和定时器 3,3 小时后电风扇和出料口开门电磁阀得电→空仓检测开关闭合时,出料口关门电磁阀和进料口开门电磁阀又得电,进入下一循环,直到按下停止开关为止。

试用流程图设计法设计出这个粮食烘干机控制系统的 PLC 控制程序。

第4章

PLC应用设计的实现技术

本章要点

- FXGP/WIN-C 编译软件使用方法；
- GX Developer 编译软件使用方法；
- CX_Programmer 编译软件使用方法；
- 实验室模拟调试方法；
- 现场调试方法。

本章关键知识点

- 编译软件使用方法；
- 实验室模拟调试方法；
- 现场调试方法。

设计好 PLC 的硬件和软件，即完成了 PLC 应用设计的最关键也是最重要的工作，接下来的工作便是把软件和硬件结合起来，实现对各种机械或生产过程的控制。

4.1 用户程序的编译和下载

梯形图程序仅仅是一种表达某些控制功能的图形化描述语言，它既不能直接被 PLC 接受和存储，也不能直接被 CPU 识别和执行，而必须通过 PLC 编译软件的编译，把梯形图程序翻译转换成机器码程序后，才能被 PLC 接受和存储，也才能被 CPU 识别和执行。因此，软件编译是把软件和硬件结合起来的必需工作。

虽然把梯形图程序编译转换成机器码程序是由编译软件本身自动完成的，但编译软件的运行却仍然是由人去操作，这其中的操作步骤是否正确，操作方法是否恰当，直接关系着编译工作能否顺利和成功，所以，掌握正确的编译软件使用方法是非常重要的。

4.1.1 三菱 FXGP/WIN-C 编译软件的使用

三菱公司的 SWOPC-FXGP/WIN-C 编译软件是专门为其 FX 系列 PLC 配套的编译软件，界面和帮助文件均已汉化。不管是梯形图程序、指令表程序还是 SFC 程序，都能被方便地输入进编译软件，并顺利地编译成机器码程序后下载到 PLC 中去，另外，该编译软件还具有程序查错功能，并能在梯形图上添加注释以便于阅读和理解。

1．打开编译软件

双击桌面上的 FXGPWINC 图标,即可打开编译软件。

2．建立项目文件

选择"文件"→"新文件"命令,在弹出的对话框中选择 PLC 型号(例如选中"FX2N/FX2NC"),然后单击"确认"按钮,即进入新项目的梯形图输入窗口了。

3．输入梯形图程序

(1)把深蓝色矩形光标移至欲摆放元件的地方,根据欲摆放元件的种类按相应的快捷键(动合触点按 F5 键、动断触点按 F6 键、前沿微分触点按 F2 键、后沿微分触点按 F3 键、通用线圈按 F7 键、指令线圈按 F8 键),按 Enter 键后再在弹出的对话框中填写该元件的编号(例如 X000、Y001、M002、T003 K10、C004 K20、SET M005 等,注意元件编号与设定值之间、指令符号与元件编号之间要留有空格),然后按 Enter 键,一个元件便摆放好了。

(2)把矩形光标移至欲摆放接线的地方,根据欲摆放接线的种类按相应的快捷键(水平线按 F9 键、垂直线按 Shift+F9 组合键,注意垂直线是从矩形光标左侧中点开始往下画),接线便摆放好了;若需画长段水平线,则连续按 F9 键,若需画长段垂直线,则按着 Shift 键并连续按 F9 键。

提示:线圈类符号输入后,会自动摆放到梯形图的最右边,线圈与触点间会自动生成长段的水平线。

按照上述方法操作,可把设计好的梯形图程序全部输入进编译软件,当然也可按上述方法直接在梯形图输入窗口上设计梯形图程序。

4．编译程序

梯形图程序只有在编译成机器码程序后,编译软件才能保存它,如果在不经编译的情况下去保存输入窗口上的梯形图程序或者关闭窗口,输入窗口上的梯形图程序将丢失。所以,梯形图程序输入完成后,必须先经编译然后再保存,即使是没有输入完成还需继续输入的梯形图程序,也必须先经编译然后再保存,否则,已经输入的这部分梯形图也将丢失,前功尽弃。

按 F4 键,输入窗口上的梯形图程序便被编译成机器码程序后存放在电脑里,当梯形图的背景色由灰色变为白色时,表明编译成功。

5．检查程序

(1)选择"选项"→"程序检查"命令,在弹出的对话框中先选中"语法错误检查",单击"确认"按钮,语法检查的结果会显示在对话框中的"结果"栏里。

(2)再在对话框中选中"双线圈输出",然后在"检查元件"栏中选中"输出",单击"确认"按钮,双线圈输出检查的结果会显示在对话框中的"结果"栏里。

(3)最后在对话框中选中"电路错误检查",单击"确认"按钮,电路检查的结果同样会显示在对话框中的"结果"栏里。

上述三项检查每次都应在"结果"栏里显示"无错",如果出现错误提示,应根据提示修改程序,程序修改方法如下。

(1)修改元件:把矩形光标移到欲修改的元件上,按输入新元件的方法输入正确元件,按 Enter 键后,原来错误元件便被改成了新的正确元件。

(2)删除元件:把矩形光标移到欲删除的元件上,按 Delete 键后,该元件便被删除掉;

若需补上水平线,则按 F9 键后,被删除的元件位置上便会被补上一条水平线。

(3) 删除接线:把矩形光标移到欲删除的水平线上,按 Delete 键后,光标处的水平线便被删除;把矩形光标左侧的中点移到欲删除的垂直线顶端,按 Shift＋F8 组合键,光标处的垂直线便被删除。

(4) 删除一个梯级:拖动光标将欲删除的梯级整体选中,单击右键选择"剪切",该梯级便被删除。

(5) 复制一个梯级:拖动光标将欲复制的梯级整体选中,单击右键选择"复制",再把光标移到欲摆放该梯级的地方,单击右键选择"粘贴",光标所在处便出现了被复制的梯级。

(6) 插入一个梯级:把矩形光标移到欲插入梯级的地方,选择"编辑"→"行插入",光标处的梯级将自动下移,按输入梯形图的方法便可在光标处插入一个新梯级。

修改程序后,需再次编译程序和检查程序,直到三项检查的结果均为"无错"时,关闭对话框。

6. 保存项目文件

选择"文件"→"保存"命令,在弹出的对话框中:"文件名"栏中填写该项目的名称(例如填"霓虹灯控制器"),"驱动器"栏中选择驱动器的盘名(例如选"D:\"),"文件夹"栏中选择文件夹名(例如选 FXGPWINC),"保存文件为类型"栏中选择文件类型(例如选"＊·PMW"),单击"确认"按钮,在新弹出对话框中的"文件题头名"栏中填写所输入程序的文件名(例如"控制程序 1",如只有 1 个文件,则应填写成该项目的名称,例如"霓虹灯控制器"),单击"确认"按钮,新项目的文件便被保存到编译软件中。

此时若需关闭打开的文件,或者继续输入同一项目的"控制程序 2",可单击窗口右上角的"×",当前窗口中的文件便会关闭,返回到编译软件的初始界面。

7. 下载程序

(1) 连接电脑和 PLC:把 SC-09 下载电缆中的 DB25M 和 DB25F 连接插好,把 MD8M 插头插入 PLC 的 RS-422 插口,再把 DB9F 插头插入电脑的 RS-232C 插口,最后把 PLC 上的 RUN/STOP 开关拨向 STOP。

(2) 打开欲下载的文件:选择"文件"→"打开"命令,在弹出对话框中的"文件名"栏中选择欲打开的文件名(例如"霓虹灯控制器"),单击"确定"按钮,确认新弹出对话框中的内容后单击"确认"按钮,被选中的文件便被打开。

如果打开的文件是没有完成的文件,此时可继续输入,完成后需检查程序→编译程序→保存项目文件。

(3) 下载程序:选择 PLC→"传送"→"写出"命令,在弹出的对话框中选中"范围设置",并在"初始步"栏中填写"0"、在"终止步"栏中填写 END 所在步的步号(步号通常会显示在梯形图左母线的左侧),单击"确认"按钮,打开的梯形图文件便以机器码程序的格式下载到 PLC 中。

8. 关闭编译软件

选择"文件"→"退出"命令,便退出 FXGPWINC 编译软件。

9. 注释梯形图程序

为了使打印出的梯形图文件易于分析和理解,可对梯形图程序加上一些必要的注释。

(1) 打开梯形图文件的方法与打开欲下载文件的方法相同。

（2）选择"视图"→"注释视图"→"元件注释/元件名称"，在弹出对话框中的"元件"栏中填写某系列元件的起始编号（注释 X 系列就填"X000"、注释 Y 系列就填"Y000"、注释 M 系列就填"M000"、注释 T 系列就填"T000"、注释 C 系列就填"C000"……），单击"确认"按钮。在弹出的表格中：元件编号右侧的"元件注释"栏下填写注释内容、"名称"栏下填写元件代号（例如"X000"的"元件注释"栏填"光电开关"、"名称"栏填"GK"，按 Enter 键；在"X001"的"元件注释"栏填"停止开关"、"名称"栏填"SB2"，按 Enter 键；……），填写完成后，单击表格右上角的"×"，再选择"视图"→"显示注释"命令，在弹出的对话框中选中"元件名称"和"元件注释"，单击"确认"按钮，注释的内容便在梯形图中显示出来。

（3）选择"视图"→"注释视图"→"程序块注释"命令，在弹出的对话框中单击"确认"按钮，在弹出的表格中加有大括号的步号右侧填写相应的注释内容（例如"20"右侧填"欢字灯点亮"，按 Enter 键；"26"右侧填"迎字灯点亮"，按 Enter 键；……），填写完成后，单击表格右上角的"×"，再选择"视图"→"显示注释"命令，在弹出的对话框中选中"程序块注释"，单击"确认"按钮，注释的内容便在梯形图中显示出来。

（4）中文注释时显示日文或乱码的处理办法：选择"开始"→"程序"→Internet Explorer，再选择"工具"→"Internet 选项"命令，在弹出的对话框中的最下边单击"字体"按钮，在新弹出的对话框中：把"字符集"栏中的"简体中文"重选为"日文"，把"网页字体"栏中的每一项抄在纸上备用（尤其是"纯文本字体"栏中的各项不要漏掉）。关闭此对话框后，再选择"开始"→"设置"→"控制面板"命令，在弹出的对话框中选中"外观和主题"，再单击"字体"，用"Ctrl＋鼠标左键"把对话框中与抄在纸上字体符号相同的图标一一选中，然后选择"文件"→"删除"命令，即可把日文字体删除掉。如果删除不了，可以在"我的电脑"中删除"\Windows\Fonts"文件夹中对应的文件，也可在 DOS 操作系统下进行删除。

4.1.2　三菱 GX Developer 编译软件的使用

三菱公司的 GX Developer 编译软件是专门为三菱 PLC 配套的编译软件，它适用于三菱公司生产的所有系列 PLC，其界面和帮助文件也均已汉化，各方面性能均比 FXGP/WIN-C 编译软件优越。

1. 打开编译软件

双击桌面上的 GX Developer 图标，即可打开编译软件。

2. 建立工程文件

选择"工程"→"创建新工程"命令，在弹出的对话框中："PLC 系列"栏中选择 PLC 使用的 CPU 类型（例如选 FXCPU），"PLC 类型"栏中选择 PLC 的型号（例如选 FX2N），"程序类型"栏中选中"梯形图"，在"生成和程序名同名的软元件内存数据"前打"√"，单击"确定"按钮，在新弹出的对话框中单击"是"按钮，即进入新工程的梯形图输入窗口了。

3. 输入梯形图程序

（1）把方框光标移至欲摆放元件的地方，根据欲摆放元件的种类按相应的快捷键（动合触点按 F5 键、并联动合触点按 Shift＋F5 组合键、动断触点按 F6 键、并联动断触点按 Shift＋F6 组合键、前沿微分触点按 Shift＋F7 组合键、并联前沿微分触点按 Alt＋F7 组合键、后沿微分触点按 Shift＋F8 组合键、并联后沿微分触点按 Alt＋F8 组合键、通用线圈按 F7 键、指令线圈按 F8 键），在弹出的对话框中填写该元件的编号（例如 X005、Y004、M003、T002 K20、

C001 K10、SET M000 等,注意元件编号与设定值之间、指令符号与元件编号之间要留有空格),然后按 Enter 键,一个元件便摆放好了。

(2) 把方框光标移至欲摆放接线的地方,根据欲摆放接线的种类按相应的快捷键(水平线按 F9 键、垂直线按 Shift+F9 组合键,注意垂直线是从方框光标左侧中点开始往下画),接线便摆放好了;若需画长段水平线,则连续按 F9 键,若需画长段垂直线,则按着 Shift 键并连续按 F9 键。

提示:线圈类符号输入后,会自动摆放到梯形图的最右边,线圈与触点间会自动生成长段的水平线。另外,程序的最后一行也不用输入主程序结束指令 END,因为本编译软件会自动生成。

按照上述方法操作,可把设计好的梯形图程序全部输入进编译软件,当然也可按上述方法直接在梯形图输入窗口上设计梯形图程序。

4．编译程序

按 F4 键,输入窗口上的梯形图程序便被编译成机器码程序后存放在电脑里,当梯形图的背景色由灰色变为白色时,表明编译成功。

5．检查程序

选择"工具"→"程序检查"命令,在弹出的对话框中:"检查内容"栏内各项全选,"检查对象"栏内选中"当前的程序作为对象",单击"执行"按钮,检查的结果会显示在对话框的空白处。

检查的结果应该是"无错",如果出现错误提示,应根据提示修改程序,程序修改方法与FXGP/WIN-C 编译软件相同,可参考进行。

修改程序后,需再次编译程序和检查程序,直到检查结果为"无错"时,关闭对话框。

6．保存工程文件

选择"工程"→"保存工程"命令,在弹出的对话框中单击"是"按钮,在新弹出的对话框中:"驱动器/路径"栏中填写盘名和文件夹名(例如填"D:\三菱 PLC\SW8D5C-GPPW-C")、"工程名"栏中填写工程名称(例如填"霓虹灯控制器"),单击"保存"按钮,在弹出的对话框中单击"是"按钮,新工程的文件便被保存到编译软件中。

此时若需关闭打开的文件,可单击窗口右上角的"×",当前窗口中的文件便会关闭,返回到编译软件的初始界面。

7．下载程序

(1) 连接电脑和 PLC:方法与 FXGP/WIN-C 编译软件相同,可参考进行。

(2) 打开欲下载的文件:选择"工程"→"打开工程"命令,在弹出对话框中的"工程驱动器"下方列表里单击欲打开的工程名(例如"霓虹灯控制器"),再单击"打开"按钮,被选中的文件便被打开。

(3) 下载程序:选择"在线"→"PLC 写入"命令,在弹出的对话框中选中"程序"下的"WAIN",单击"执行"按钮,在新弹出的对话框中:"指定范围"栏中选择"步范围"、"开始"栏中填写"0"、"结束"栏中填写 END 所在步的步号(步号通常会显示在梯形图左母线的左侧),单击"执行"按钮,在弹出的对话框中单击"是"按钮,打开的梯形图文件便以机器码程序的格式下载到 PLC 中。

8．关闭编译软件

选择"工程"→"GX Developer 关闭"命令,便退出 GX_D 编译软件。

9. 注释梯形图程序

（1）打开梯形图文件的方法与打开欲下载文件的方法相同。

（2）单击梯形图左侧的工程数据列表（如没有显示，选择"显示"→"工程数据列表"命令即可出现）中"软元件注释"前的"＋"号，再双击 COMMENT。在弹出的表格上：先在"软元件名"栏中选择某系列元件的起始编号（注释 X 系列就选"X000"、注释 Y 系列就选"Y000"、注释 M 系列就选"M000"、注释 T 系列就选"T000"、注释 C 系列就选"C000"、……），单击"显示"按钮，再在表格中"软元件名"右侧的"注释"栏下填写注释内容、"别名（或机器名）"栏下填写元件代号（例如"X000"的"注释"栏填"光电开关"、"别名"栏填 GK，按 Enter 键；再在"X001"的"注释"栏填"停止开关"、"别名"栏填 SB2，按 Enter 键；……），填写完成后，单击表格右上角的"×"，再选择"显示"→"注释显示和别名显示"命令，注释的内容便在梯形图中显示出来。

（3）选择"编辑"→"文档生成"→"声明/注解批量编辑"，在弹出表格中"步"的右侧"行间声明"栏下填写相应的注释内容（例如"20"右侧填"欢字灯点亮"，按 Enter 键；"26"右侧填"迎字灯点亮"，按 Enter 键；……），填写完成后，单击表格右上角的"×"，再选择"显示"→"声明显示和注解显示"命令，注释的内容便在梯形图中显示出来。

4.1.3　欧姆龙 CX_Programmer 编译软件的使用

欧姆龙公司的 CX_Programmer 编译软件是针对欧姆龙公司生产的 C 系列 PLC 推出的编译软件，其界面和帮助文件均已汉化，它能把梯形图程序、指令表程序输入进编译软件，并顺利编译成机器码程序后下载到 PLC 中去，该编译软件同样具有程序查错功能和程序注释功能。

1. 打开编译软件

双击桌面上的 CX_Programmer 图标，即可打开编译软件。

2. 建立工程文件

选择"文件"→"新建"命令，在弹出的对话框中："设备名称"栏中填写工程名称（例如填"霓虹灯控制器"），"设备类型"栏中选择 PLC 的型号（例如选 CQM1H），单击"设备类型"右侧的"设定"按钮，在新弹出的对话框中选择 CPU 的类型（例如选 CPU21），单击"确定"按钮，其他项使用默认值，再单击"确定"按钮，即进入新工程的梯形图输入窗口了。

3. 输入梯形图程序

（1）双击界面左侧工程窗口中"新程序 1"下方的"段 1"。

（2）把矩形光标移至欲摆放元件的地方，根据欲摆放元件的种类单击工具栏中相应的图标（见图 4.1），再单击矩形光标，在弹出对话框中的"地址或值"栏中填写该元件的编号（例如填 00001、10002、01603 等，对于微分类触点，还要选择一下"上升"还是"下降"，定时器触点只能填"T×××"，计数器触点只能填"C×××"），单击"确定"按钮，一个元件便摆放好了。

（3）把矩形光标移至欲摆放指令类线圈的地方，单击工具栏中的指令线圈图标（见图 4.1），再单击矩形光标，在弹出的对话框中："指令"栏填写指令的名称（例如填 TIM、CNT、RSET 等），"操作数"栏里单击第 1 行后填写元件编号（例如填 004、005、11606 等）、单击第 2 行后填写设定值（例如填♯20 等），单击"确定"按钮，一个指令线圈便摆放好了。

（4）把矩形光标移至欲摆放接线的地方，根据欲摆放接线的种类单击工具栏中相应的图标(见图 4.1),再单击矩形光标,接线便摆放好了,连续单击矩形光标可画长线段。

按照上述方法操作,可把设计好的梯形图程序全部输入进编译软件,当然也可按上述方法直接在梯形图输入窗口上设计梯形图程序。

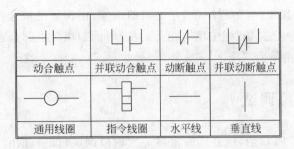

| 动合触点 | 并联动合触点 | 动断触点 | 并联动断触点 |
| 通用线圈 | 指令线圈 | 水平线 | 垂直线 |

图 4.1　工具栏中的图标

4．编译程序

选择 PLC→"编译所有的 PLC 程序"命令,梯形图程序便被编译成机器码程序存放在电脑里,同时编译结果将在右下角的输出窗口显示出来。

5．检查程序

选择 PLC→"程序检查选项"命令,在弹出的对话框中选取检查级别(可在"A、B、C、定制"4 种级别中任选一种),选好后,相关的检查项目会在列表框中显示出来,如果选"定制",则需在列表框中选择检查项目,然后单击"确定"按钮。

单击"确定"按钮后,如果输出窗口出现错误提示,应根据提示修改程序(修改程序的方法可参考三菱 FXGP/WIN-C),修改程序后需再次编译程序和检查程序,直到输出窗口没有错误提示时,关闭对话框。

6．保存工程文件

选择"文件"→"保存"命令,在弹出的对话框中:"保存在"栏中选择盘名(例如选"D:\"),"文件名"栏中填写工程文件名(例如填"霓虹灯控制器"),"保存类型"栏中选择保存文件类型(例如选"CX_Programmer 工程文件(* ·CXP)"),单击"保存"按钮,新工程的文件便被保存到编译软件中。

7．下载程序

(1) 用 CQM1H 专用通信电缆把电脑与 PLC 连接好,并把 PLC 上的 RUN/STOP 开关拨向 STOP。

(2) 选择 PLC→"在线工作"命令,在弹出的对话框中单击"是"按钮,再选择 PLC→"传送"→"到 PLC"命令,在弹出的对话框中选中"程序",单击"确定"按钮,梯形图文件便以机器码程序的格式下载到 PLC 中,当对话框中的指示条到达右侧时,表示下载完成,单击"确定"按钮。

8．关闭编译软件

选择"文件"→"退出"命令,便退出 CX_P 编译软件。

9．注释梯形图程序

(1) 把矩形光标移至欲注释的元件上,按输入新元件的方法打开"新接点"对话框,在对话框中:"地址和姓名"栏中填写该元件的代号(例如填 SB1、KM1 等),"地址或值"栏中填写该元件的编号(填写内容与摆放该元件时所填内容相同),"注释"栏中填写相应的注释(例如填"启动开关、蜂鸣器线圈、第1定时器"等),单击"确定"按钮,矩形光标标定的元件便被加上注释了。

(2)单击欲注释梯级(也称程序条)左上角的编号,该梯级便被选中,单击右键选择"属性",在弹出的对话框中的"条"栏中填写相关的注释(例如填"欢字灯点亮"),单击"批注"按钮,该梯级便被加上注释了。

4.2　实验室模拟调试

用户程序下载到 PLC 后,应在实验室做一次模拟调试,以验证用户程序是否完全达到设计任务书提出的控制要求。

这里以物品搬运机械手 PLC 控制系统为例,介绍实验室模拟调试的过程及方法。

第一步:下载控制程序。

把物品搬运机械手控制系统梯形图程序通过 FXGP/WIN-C 编译软件下载到三菱FX2N-16MR-001 PLC 中。

第二步:用小开关模拟主令电器。

把 8 个按钮开关安装在一块绝缘板上,并在开关旁边分别写上启/停开关、松开到位开关、抓紧到位开关、上限位开关、下限位开关、左限位开关、右限位开关和光电开关。

第三步:用灯泡模拟被控电器。

把 7 只插有 220V/15W 白炽灯泡的平脚灯座安装在一块绝缘板上,并在灯座旁边分别写上上升接触器、下降接触器、左旋接触器、右旋接触器、抓取电磁铁、松开电磁铁和输送带前进接触器。

也可不用灯泡而直接用 PLC 上的 OUT 指示灯来模拟被控电器,不过不如灯泡模拟清晰和直观。

第四步:硬件接线。

按照图 4.2 所示的硬件接线图,把小开关连接到 FX2N-16MR-001 PLC 的输入端口上,把灯泡连接到 FX2N-16MR-001 PLC 的输出端口上。

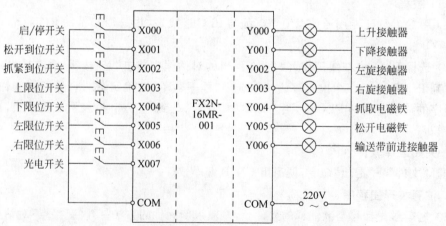

图 4.2　物品搬运机械手 PLC 控制系统硬件接线图

仔细检查接线的正确性,再把 PLC 上的 RUN/STOP 开关拨到 RUN 位置,接通 220V 交流电源。

第五步:初次模拟运行。

按图 4.3 所示的物品搬运机械手运行流程逐步模拟运行。

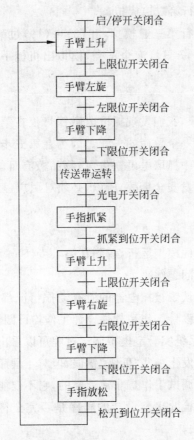

图 4.3 物品搬运机械手运行流程

(1) 不按动任何按钮开关,7 只灯泡全不亮,模拟出机械手处于原始停机状态。

(2) 按一下启/停开关,上升接触器灯亮,模拟出机械手上升运动。

(3) 按一下上限位开关,上升接触器灯灭、左旋接触器灯亮,模拟出机械手左旋运动。

(4) 按一下左限位开关,左旋接触器灯灭、下降接触器灯亮,模拟出机械手下降运动。

(5) 按一下下限位开关,下降接触器灯灭、传送带前进接触器灯亮,模拟出传送带运动。

(6) 按一下光电开关,传送带前进接触器灯灭、抓取电磁铁灯亮,模拟出机械手抓取物品动作。

(7) 按一下抓紧到位开关,抓取电磁铁灯灭、上升接触器灯亮,模拟出机械手上升运动。

(8) 按一下上限位开关,上升接触器灯灭、右旋接触器灯亮,模拟出机械手右旋运动。

(9) 按一下右限位开关,右旋接触器灯灭、下降接触器灯亮,模拟出机械手下降运动。

（10）按一下下限位开关，下降接触器灯灭、松开电磁铁灯亮，模拟出机械手松开物品动作。

（11）按一下松开到位开关，松开电磁铁灯灭、上升接触器灯亮，模拟出机械手上升运动。

（12）重复（3）～（11），进行第二遍模拟。

（13）重复（3）～（11），进行第三遍模拟，在（3）～（10）过程的任一时刻按一下启/停开关，当模拟到第三遍的（11）时，7只灯泡全不亮，模拟出机械手必须到达原始位置才停机的状态。

第六步：分析模拟结果。

分析初次模拟运行的结果，我们发现抓取电磁铁灯仅在第五步（6）中亮一下，而在第五步（7）～（9）中却都不亮，这是一个致命的失误。因为在第五步（6）中抓取电磁铁得电，物品被抓住，而在第五步（7）～（9）中抓取电磁铁失电，物品极有可能掉落，不仅可能达不到搬运物品的目的，而且极有可能引发安全事故，所以，必须对用户程序进行修改，让抓取电磁铁在第五步（6）～（9）中都得电。

第七步：再次模拟运行。

修改程序后，进行再一次的模拟运行，看到在第五步（6）～（9）中抓取电磁铁灯都连续点亮，这样就把物品可能掉落的问题解决了。

通过第二次模拟运行，确认了被控电器的所有动作情况都完全符合设计任务书提出的控制要求，这说明我们的硬件设计工作和软件设计工作均已圆满完成。

从这个搬运机械手控制系统实验室模拟调试过程可以看出：编译软件只能检查梯形图程序是否符合编程规则，避免发生一些"低级"错误，但对于程序是否完全符合控制要求却是无能为力。所以，实验室模拟调试工作是非常重要的，它不仅能及时地暴露出程序设计中存在的疏忽，而且能十分准确地检验出你设计的程序是否完全符合控制要求，从而确保PLC的应用工作能顺利地继续下去。

4.3 硬件安装

4.3.1 PLC的安装

FX2N系列PLC和CQM1H系列PLC都采用单元式结构，且都是把各单元安装在DIN导轨上组成一个整体，因此它们的安装方法大同小异，区别仅在于FX2N系列各单元之间是用扁平电缆进行连接，而CQM1H系列各单元之间是依靠单元上的连接器进行连接。安装步骤如下：

1. 安装DIN导轨

用2根螺钉先把DIN导轨的两端固定在控制柜内的安装板上，再在导轨的中间部位用1～3根螺钉拧紧。

2. 连接PLC各模块

把电源单元放在CPU单元的左侧，将两个单元压紧并把锁销锁牢，再把端盖放在CPU

单元的右侧,将其与 CPU 单元压紧并把锁销销牢,如果有插配的 I/O 单元,则放在 CPU 单元与端盖之间,同样压紧销牢。

在连接 PLC 各单元时,一定要注意压紧,扁平电缆一定要插接到位,否则会引起 PLC 工作不正常。

3．将 PLC 装到导轨上

松开 PLC 背面各单元的锁销,先将 PLC 背面钩挂在 DIN 导轨上,再把 PLC 底部推向 DIN 导轨,然后把 PLC 背面各单元的锁销销牢。

4．装定位端夹

在电源单元的左侧和端盖的右侧各装上一个 DIN 导轨端夹,用力夹紧,防止 PLC 在 DIN 导轨上滑动。

4.3.2 PLC 与控制设备的连接

PLC 安装好后,便可按照硬件接线图把主令电器与 PLC 的输入端口连接起来、把被控电器与 PLC 的输出端口连接起来,以构成完整的 PLC 控制系统。

硬件接线中,需注意下列几个问题。

1．可靠合理地接地

可靠且合理地接地,不仅能确保人身和设备的安全,而且能有效地解决干扰问题,因此,接地必须可靠,接地电阻要尽可能小,PLC 和控制设备都采用一点接地。

2．预防各类干扰

(1) 尽量采用屏蔽电缆作为输入信号线,屏蔽电缆应尽可能短,屏蔽层只可一端接地。同时注意:电平等级不同的输入信号线不要放在同一根电缆里,信号种类不同的输入信号线也不要放在同一根电缆里。

(2) 电压等级不同的输出信号线不要放在同一根电缆里。

(3) 输入信号电缆、输出信号电缆以及电力电缆这三者应相互远离,各走其道。

(4) 信号电缆尤其是输入信号电缆,要远离电气设备,更要远离高频设备。

3．保护 PLC 输出接口

如果负载电流大于输出接口的额定电流,则必须采取一些扩流措施(如使用中间继电器、外接大功率晶体管或外接大功率晶闸管);注意同时接通的输出接口总电流值不得超过 PLC 的最大允许电流值;各个负载回路中必须串有熔断器,以防止负载短路时烧坏 PLC 的输出接口。

电感性的被控电器在得电与失电的瞬间会产生很高的感应电势,极易损坏 PLC 的输出接口,所以,应在直流电感负载的两端并联一只二极管(二极管负极接电源正极),在交流电感负载两端并接一个 RC 串联吸收回路(电阻 $100\sim200\Omega/2W$、电容 $0.1\mu F/630V$)。

4．正确可靠地接线

在进行 PLC 与控制设备之间的连接工作时,要特别细心,不能出现接线错误,还要注意连接可靠,防止受振松动和日久氧化。

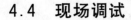

4.4　现场调试

硬件安装完成后,就可进行现场调试了。现场调试是真刀真枪的实战,一定要按部就班地谨慎进行,调试步骤如下。

第一步:确认硬件接线正确无误。

在现场调试之前,一定要再次检查硬件接线情况,仔细核对,一根不漏,确保硬件接线完全正确,绝对无误。

第二步:空载运行。

把所有输出信号线与 PLC 的输出端口脱开(脱线时应记住在每一个线头上做好文字标记,以保证重新连接时不至于接错),开机试运行。由于被控电器并未运转,因此一些输入信号需人为地去产生(例如人工去拨动限位开关)。运行过程中,要注意 PLC 上的输入指示灯是否与主令电器同步动作、输出指示灯的动作规律是否符合控制要求。这一步调试结果如果与实验室模拟调试结果完全一致,则说明现场的主令电器正常、输入信号线接线正常。

第三步:轻载运行。

把所有输出信号线与 PLC 输出端口重新连接好(此时应注意线头上所做的文字标记,一一对号连接,千万不可接错),然后撤掉重载设备(例如把电动机接线从接触器触点上脱开),开机试运行。运行过程中,要重点注意随着 PLC 上输出指示灯的亮灭,被控电器是否有相应的动作反应(例如接触器触点的闭合与断开)。如果各个被控电器的动作反应准确且与 PLC 输出指示灯同步,则说明现场的被控电器正常、输出信号线接线正常。

第四步:重载运行。

加上所有的重载设备,开机再运行。运行过程中,不再人工去产生输入信号,完全由控制系统自行操作,要重点注意所有的机械设备是否正确地运行和停止,是否完全符合设计任务书的控制要求。如果完全达到要求,让它运行一段时间,然后再投料进行试生产,当生产一切正常时,现场调试工作就圆满完成了。

4.5　整理技术文件

PLC 控制系统完成现场调试工作后,应把与 PLC 控制系统相关的图纸、表格、说明等整理成技术文件,连同整个 PLC 控制系统一起移交给使用单位。

PLC 控制系统技术文件没有统一格式,文件构成也没有统一要求,但一般应包括设计说明书、电气元件明细表、电气元件分布图、硬件接线图和程序清单等。

这里示出搬运机械手 PLC 控制系统技术文件,供读者参考。

物品搬运机械手 PLC 控制系统技术文件

委托单位：×××集团有限责任公司

设计单位：××工业自动化设计公司

技术文件目录

一、设计说明书
二、电气元件明细表
三、电气元件分布图
四、硬件接线图
五、程序清单

一、设计说明书

1. 搬运机械手的工作任务

搬运机械手的工作任务,是把 A 传送带上的物品搬运到 B 传送带上。

2. 控制要求

① 按启动开关后,机械手按工作流程动作。

② 工作流程自动循环。

③ 按停止开关后,必须等机械手的手指到达 B 传送带处并放开物品时,才能停机。

3. 搬运机械手工作流程

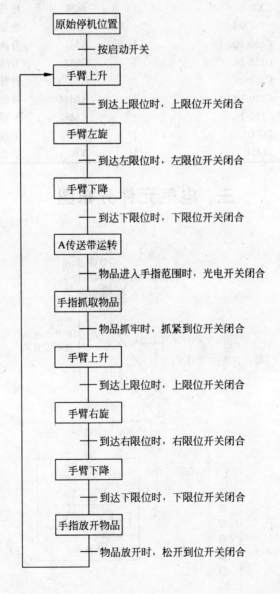

二、电气元件明细表

电气元件名称	规格型号	数量	代号	用　　途
PLC	FX2N-16MR-001	1		运行控制
按钮开关	LA4	1	SB1	开机/停机
行程开关	LX1	1	SQ1	上限位检测
行程开关	LX1	1	SQ2	下限位检测
行程开关	LX1	1	SQ3	左限位检测
行程开关	LX1	1	SQ4	右限位检测
行程开关	LX5	1	SQ5	抓紧限位检测
行程开关	LX5	1	SQ6	松开限位检测
光电开关	SP-ES-50	1	GK	物品到位检测
接触器	CJ20-10	1	KM1	升降电动机正转（上升）
接触器	CJ20-10	1	KM2	升降电动机反转（下降）
接触器	CJ20-10	1	KM3	转臂电动机正转（右旋）
接触器	CJ20-10	1	KM4	转臂电动机反转（左旋）
接触器	CJ20-10	1	KM5	A输送带电动机正转
电磁铁	MZD1	1	YA1	手指抓紧
电磁铁	MZD1	1	YA2	手指松开

三、电气元件分布图

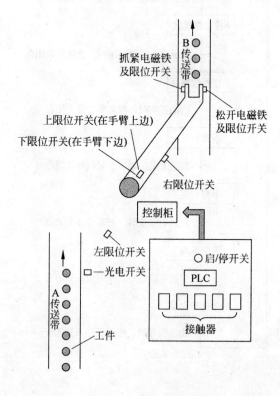

四、硬件接线图

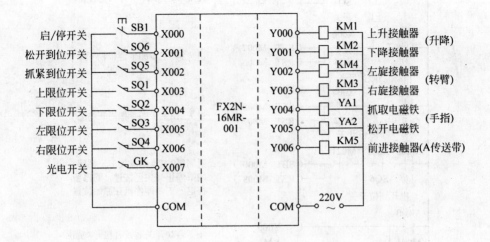

五、程序清单

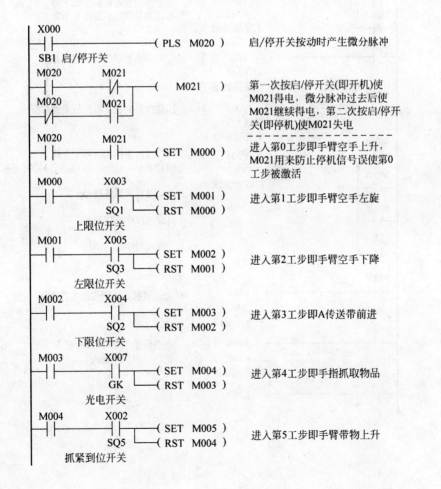

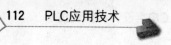

（续）

```
 M005      X003
 ─┤├───────┤├──────( SET  M006 )    进入第6工步即手臂带物右旋
           SQ1      ( RST  M005 )
         上限位开关

 M006      X006
 ─┤├───────┤├──────( SET  M007 )    进入第7工步即手臂带物下降
           SQ4      ( RST  M006 )
         右限位开关

 M007      X004
 ─┤├───────┤├──────( SET  M008 )    进入第8工步即手指松开物品
           SQ2      ( RST  M007 )
         下限位开关

 M008  X001  M021
 ─┤├───┤├────┤├────( SET  M000 )    返回第0工步即进入下一循环,
        SQ6           ( RST  M008 )    如果停止开关已按过,则停留
                                       在这一工步即停机在原始位置
      松开到位开关

 M000
 ─┤├──────────────( Y000 )          按下启动开关后或者松开物品后
 M005                KM1             手臂上升;
 ─┤├               上升接触器        抓牢物品后手臂上升

 M002
 ─┤├──────────────( Y001 )          空手转到左限位后手臂下降;
 M007                KM2             抓住物品到达右限位后手臂下降
 ─┤├               下降接触器

 M001
 ─┤├──────────────( Y002 )          空手到达上限位后手臂左旋
                     KM4
                   左旋接触器

 M006
 ─┤├──────────────( Y003 )          抓住物品到达上限位后手臂右旋
                     KM3
                   右旋接触器

 M004
 ─┤├──────────────( Y004 )          物品进入手指范围后手指抓
 M005                YA1             住物品;
 ─┤├               抓取电磁铁

 M006                               上升过程中抓住物品;
 ─┤├

 M007                               右旋过程中抓住物品;
 ─┤├
                                    下降过程中抓住物品

 M008
 ─┤├──────────────( Y005 )          物品被抓到下限位后松开物品
                     YA2
                   松开电磁铁
 M003
 ─┤├──────────────( Y006 )          空手到达下限位后A传送带前进
                     KM5             把物品送到手指内
                   前进接触器

                   [ END ]
```

习题 4

1. 写出表 4.1 中与梯形图符号对应的快捷键名称。

表 4.1　梯形图符号对应的快捷键名称

梯形图符号	─┤ ├─	─┤↓├─	─┤/├─	─┤↓/├─
FX 软件				
GX 软件				
梯形图符号	─( )─	─[ ]─	│	转换
FX 软件				
GX 软件				

2. 编译软件与 PLC 软件是一回事吗？PLC 软件包括哪两部分？编译软件的主要作用是什么？

3. 写出 FXGP 编译软件的操作步骤。

4. 实验室模拟调试的步骤是怎样的？

5. 写出 PLC 硬件安装的步骤。

6. 现场调试的步骤是怎样的？

7. PLC 控制系统的技术文件一般应包括哪些？

第5章

实用梯形图程序精选

5.1　常用的梯形图程序实例

　　在用经验设计法设计梯形图程序时,或者在优化梯形图程序时,一些典型的实用梯形图程序段往往就是一场及时雨,能使我们的编程工作柳暗花明,有时甚至就是灵丹妙药,能使程序药到病除。下面特把从一些书刊上摘录的典型实用梯形图程序段整理出来,供读者需要时选用。

5.1.1　自锁程序

1. 单输出自锁程序（图 5.1）

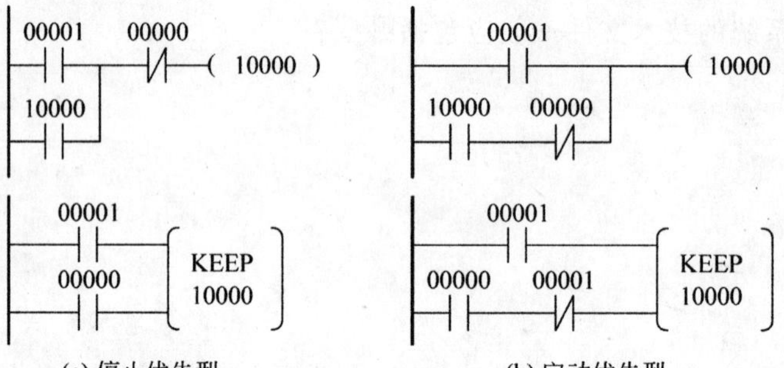

(a) 停止优先型　　　　　　　　　(b) 启动优先型

图 5.1　单输出自锁程序

2. 多输出自锁程序（多地控制）（图 5.2）

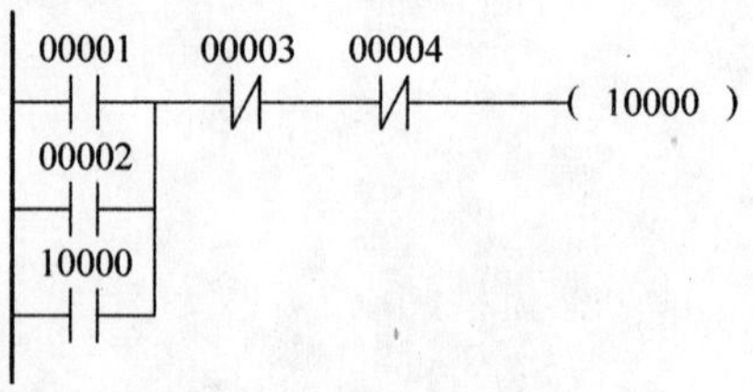

图 5.2　多输出自锁程序

5.1.2 互锁程序

互锁即启动一个，其他不能再启动，只有已启动的停掉后，其他的才可启动。但这些回路之间没有优先权，即只是先启动的优先控制，也称唯一性控制，如图5.3所示。

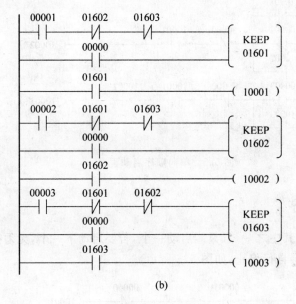

图5.3 互锁程序

5.1.3 顺序控制

顺序控制有两种：一是单向顺序封锁，即甲启动后乙和丙均不能启动，若乙启动后则丙不能启动，只有甲和乙都不启动时丙才能启动。也就是说，甲封锁着乙、乙封锁着丙，但乙封锁不了甲、丙封锁不了甲、丙也封锁不了乙。二是单向顺序启动，即甲启动后乙才能启动，甲和乙均启动后丙才能启动。

1．单向顺序封锁（图 5.4）

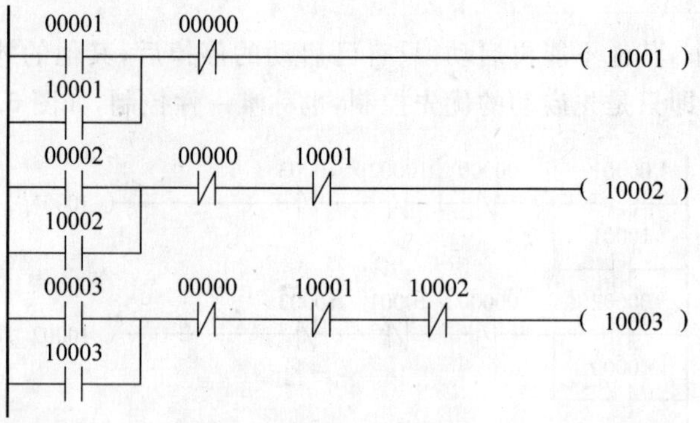

图 5.4　单向顺序封锁程序

2．单向顺序启动（图 5.5）

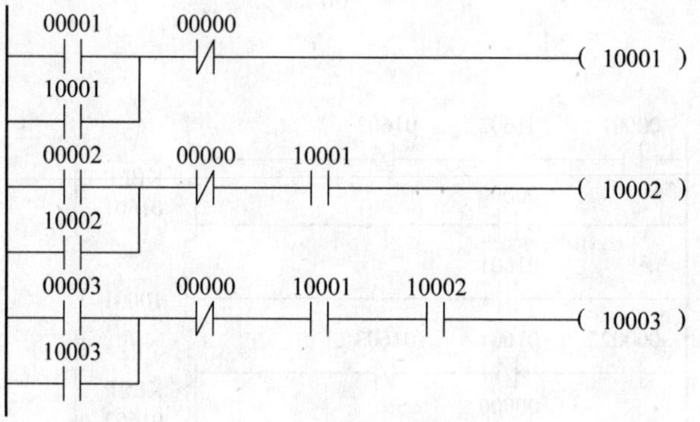

图 5.5　单向顺序启动程序

5.1.4　互控程序

互控是指任意启动其中之一，且只能启动一个，若要启动下一个，无须按停车按钮，便可直接启动，而已启动的会自行停止，如图 5.6 所示。

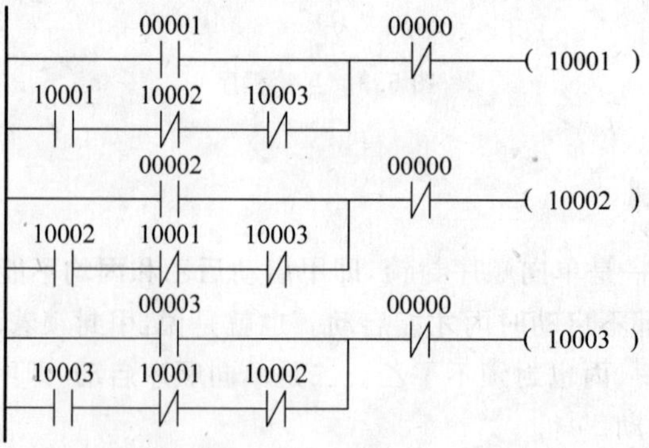

图 5.6　互控程序

5.1.5　时间控制

1．延长定时（图5.7）

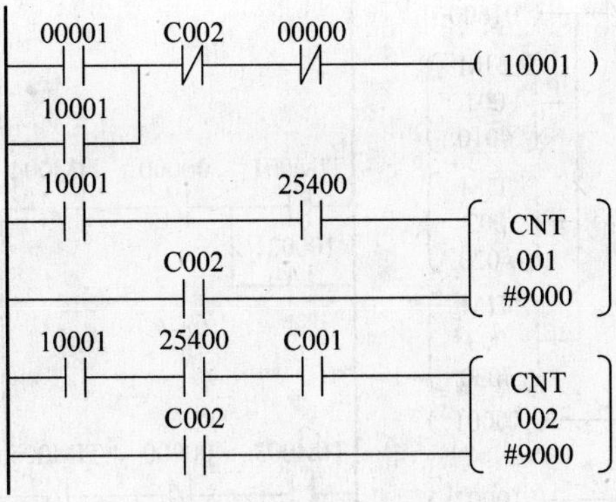

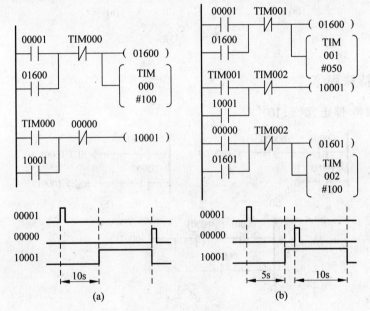

图5.7　延长定时程序

2．延时启、停（图5.8）

图5.8　延时启、停程序

3．单向定时步进控制（图5.9）

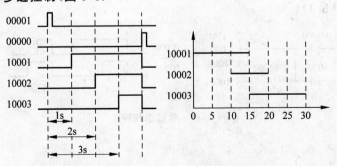

图5.9　单向定时步进控制程序

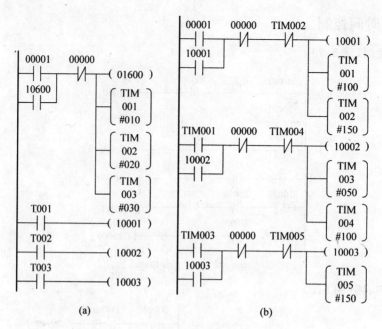

图 5.9 （续）

5.1.6 特殊程序

1. 启动-保持-停止（图 5.10）

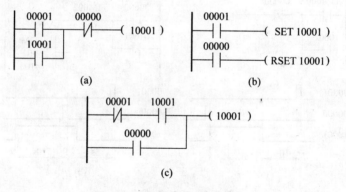

图 5.10 启动-保持-停止程序

2. 单稳态（图 5.11）

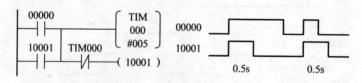

图 5.11 单稳态程序

3. 双稳态(图5.12)

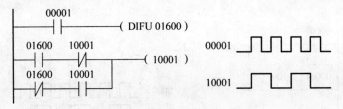

图5.12 双稳态程序

4. 多谐振荡器(脉冲发生器)(图5.13)

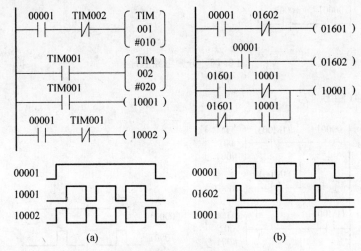

(a)　　　　　　　　(b)

图5.13 多谐振荡器程序

5. 脉冲序列发生器(自复位定时器、自复位计数器)(图5.14)

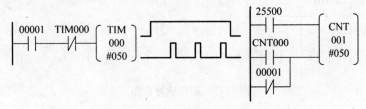

图5.14 脉冲序列发生器程序

6. 单稳脉冲(前、后沿)(图5.15)

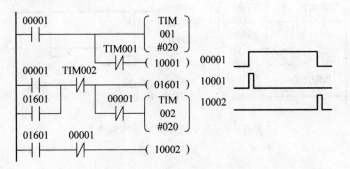

图5.15 单稳脉冲程序

7. 分频电路（图 5.16）

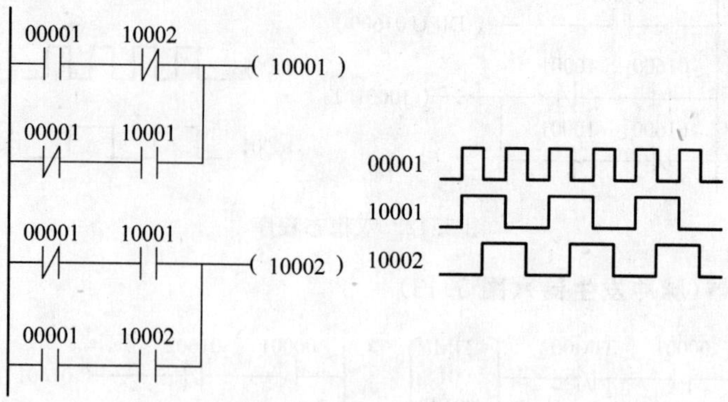

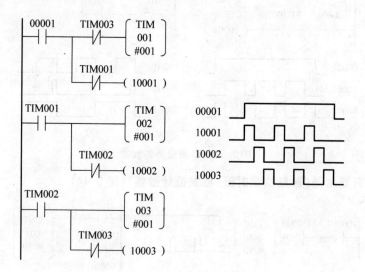

图 5.16　分频电路程序

8. 顺序脉冲（图 5.17）

图 5.17　顺序脉冲程序

9. 占空比可调的脉冲（图 5.18）

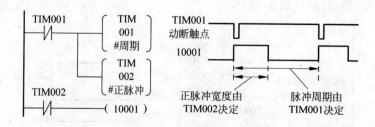

图 5.18　占空比可调的脉冲程序

10. 长计时（图5.19）

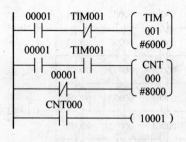

图5.19 长计时程序

11. 多地控制（图5.20）

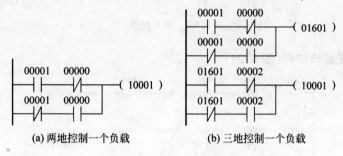

(a) 两地控制一个负载 　　　　(b) 三地控制一个负载

图5.20 多地控制程序

12. 延时开、关（图5.21）

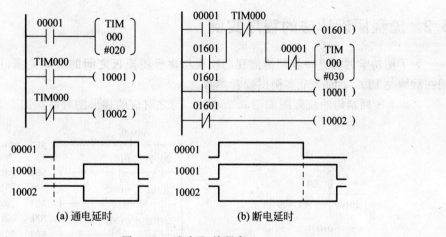

(a) 通电延时 　　　　(b) 断电延时

图5.21 延时开、关程序

13. 闪烁指示（图5.22）

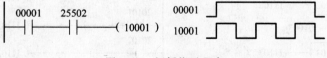

图5.22 闪烁指示程序

14. 指示程序(图5.23)

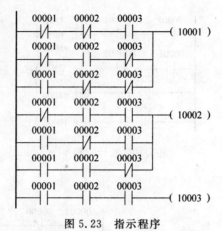

图 5.23   指示程序

15. 电动机正反转控制(图5.24)

图 5.24   电动机正反转控制程序

5.2   流程图设计法的程序实例

为了使初学者能进一步理清流程图模板与梯形图模板之间的对应关系,这里再列举出用在欧姆龙 PLC 上的 7 个实例供读者参考。

(1) 单序列结构的流程图如图 5.25 所示,与之对应的梯形图程序如图 5.26 所示。

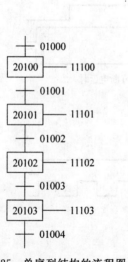

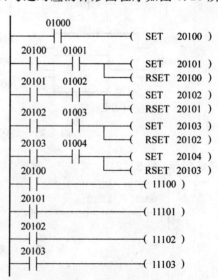

图 5.25   单序列结构的流程图   图 5.26   单序列结构的梯形图

（2）自复位序列结构的流程图如图 5.27 所示，与之对应的梯形图程序如图 5.28 所示。

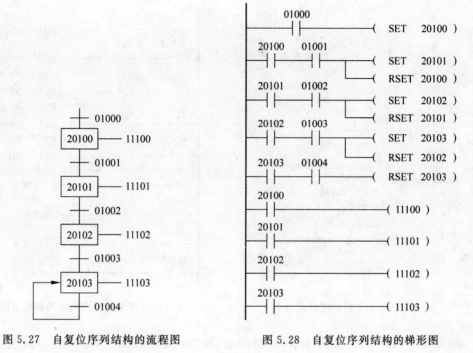

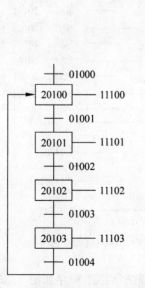

图 5.27 自复位序列结构的流程图

图 5.28 自复位序列结构的梯形图

（3）全循环序列结构的流程图如图 5.29 所示，与之对应的梯形图程序如图 5.30 所示。

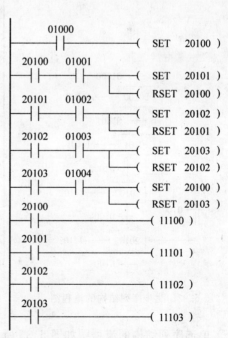

图 5.29 全循环序列结构的流程图

图 5.30 全循环序列结构的梯形图

（4）部分循环序列结构的流程图如图 5.31 所示，与之对应的梯形图程序如图 5.32 所示。

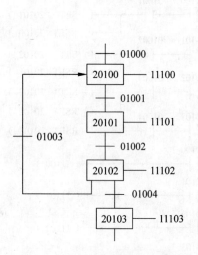

图 5.31　部分循环序列结构的流程图

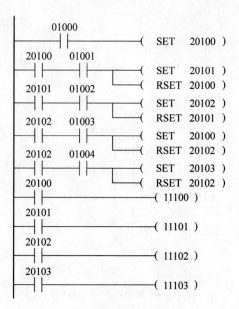

图 5.32　部分循环序列结构的梯形图

（5）跳步序列结构的流程图如图 5.33 所示，与之对应的梯形图程序如图 5.34 所示。

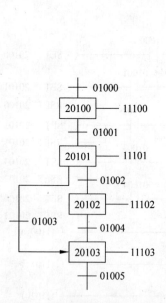

图 5.33　跳步序列结构的流程图

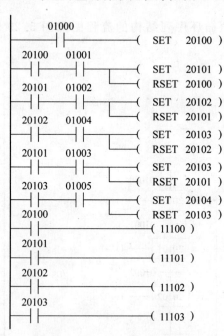

图 5.34　跳步序列结构的梯形图

（6）单选序列结构的流程图如图 5.35 所示，与之对应的梯形图程序如图 5.36 所示。

（7）全选序列结构的流程图如图 5.37 所示，与之对应的梯形图程序如图 5.38 所示。

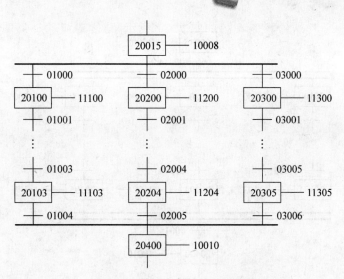

图 5.35　单选序列结构的流程图

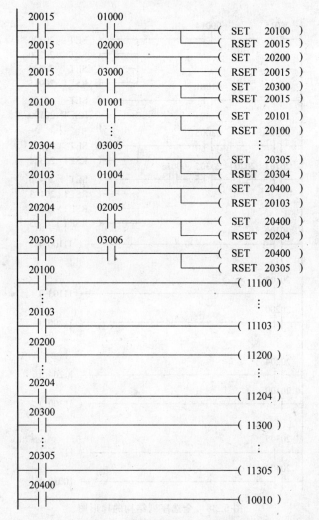

图 5.36　单选序列结构的梯形图

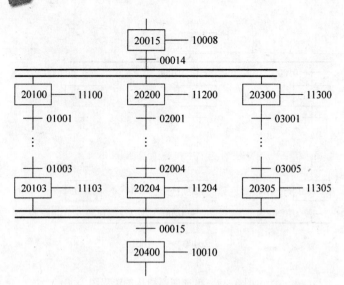

图 5.37　全选序列结构的流程图

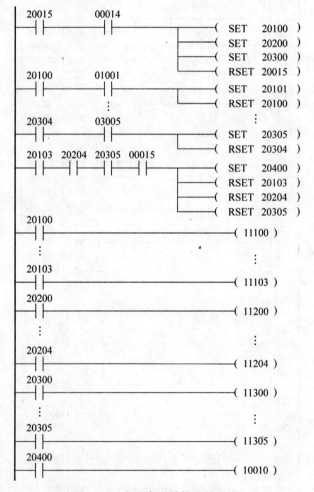

图 5.38　全选序列结构的梯形图

参 考 文 献

[1] 周云水.跟我学 PLC 编程.北京：中国电力出版社,2009.

[2] 祁文钊,霍罡,等.CS/CJ 系列 PLC 应用基础及案例.北京：机械工业出版社,2007.

[3] 吴亦锋.可编程序控制器原理与应用速成(第 2 版).福州：福建科学技术出版社,2009.

[4] 陆运华,胡翠华.图解 PLC 控制系统梯形图及指令表.北京：中国电力出版社,2007.

[5] 许翏,王淑英.电气控制与 PLC 应用(第 4 版).北京：机械工业出版社,2011.